FBI

微动作心理学

处处占先机的心理策略

Wei Dong Zuo Xin Li Xue

金圣荣◎著

民主与建设出版社

Democracy & Construction Publishing House

图书在版编目（CIP）数据

FBI微动作心理学/金圣荣著.--北京：民主与建设出版社，2016.7（2018.8重印）

ISBN 978-7-5139-1218-1

Ⅰ.①F… Ⅱ.①金… Ⅲ.①动作心理学 – 通俗读物 Ⅳ.①B84-069

中国版本图书馆CIP数据核字(2016)第173453号

FBI微动作心理学

FBI WEIDONGZUO XINLIXUE

出 版 人：许久文

作　　者：金圣荣

责任编辑：李保华

封面设计：久品轩

出版发行：民主与建设出版社有限责任公司

电　　话：(010)59419778　59417745

社　　址：北京市朝阳区阜通东大街融科望京中心B座601室

邮　　编：100102

印　　刷：固安县保利达印务有限公司

版　　次：2016年10月第1版　2018年8月第5次印刷

开　　本：720×1000mm　1/16

印　　张：13.25

字　　数：156千字

书　　号：ISBN 978-7-5139-1218-1

定　　价：35.00元

注：如有印、装质量问题，请与出版社联系。

前　言

　　在人际交往过程中，只有对他人有一定的了解，才能找到合适的方式与之交流和交往。因为，当我们了解了对方之后，才知道对方喜欢什么话题，以及怎样与之交流，从而拉近彼此的距离，并且让对方开口说话。但如果我们对对方的个性、兴趣、习惯等毫无所知，接下来的交流与交往就无从下手。对于初次见面该怎样交流的问题，不少人会感到很纠结。其中原因就是，在面对陌生人时，人们往往不知道怎样引出话题；在与陌生人交流的过程中，不知道对方对自己的话题是否关注，不知道对方对自己的态度，也不知道对方是怎样的一个人，等等。想要解决这个问题，就需要懂得一些人类的行为心理学。

　　每个人都有自己的个性，个性对一个人的行为有着很大的决定作用。如果我们用心观察自己和他人的行为就不难发现，其实，每个人的一举一动都在告诉他人自己是怎样的一个人。也就是说，将我们个性出卖了的，正是我们自己的身体反应。一样的道理，如果我们很了解一个人的个性，不仅会对他当前的行为有所掌握，还可以根据他的个性对他在未来会做些什么有所预见。

　　每个人都希望对别人多一些了解，其实，这并不难。只要大家在生活中做个有心之人，善于观察周围人的举动，慢慢地就会发现，在人们各种

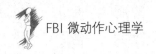

细微的动作中隐藏着他的个性信息，而且他的细微动作还能显示出其内心的微妙变化。

可以说，FBI 在很长时间里都是一种神话般的存在。相关资料反映，FBI 曾查办出很多惊动世人的大案。这些办案人员不仅办案速度快，而且在对犯罪嫌疑人的审讯中也很少出现纰漏。FBI 之所以有着神奇的办案能力，很大程度上取决于办案人员对人类行为所透露的信息的准确把握。

FBI 办案人员深知，在人们看似不经意的手势和动作中，隐藏着个人内心的秘密。

人类的肢体动作是一种无声的语言。心理学研究发现，当人与人面对面交流时，通过肢体语言所传递的信息高达 55% 以上。也就是说，人类的肢体语言在人际沟通中有着语言不可替代的作用。

所谓的肢体语言，就是一个人用身体动作来表达情感、交流信息、表明意图等沟通手段。它包括面部表情、姿态和手势以及其它非语言手段，也是人们在日常交流中用以辨别他人内心世界的主要根据。事实上，这些丰富的肢体语言，的确更能无声胜有声地将信息表达出来。美国心理学家爱德华·霍尔曾说："无声语言所显示的意义要比有声语言更丰富。"而行为研究表明，肢体语言对内在素质的揭示具有确定性和直观性。那么，想要解读肢体语言并通过这一方式达到对他人了解的目的，该从哪方面入手呢？

首先，要学会观察周围人的行为方式。研究表明，你对一个人越了解，就越容易发现他的行为所透露的信息，而你视线里存储的数据足以让你对这些信息做出相应的判断。比如，你发现你正在念初中的儿子在参加考试前有挠头或咬嘴唇的举动时，你应该知道，对于这次考试，他可能没有做足准备或比较紧张。而你在以后的日子里也一定会看到，每当内心紧张时他都会做这个动作。

通过对亲近的人的观察，你会掌握一些判断行为方式的依据，然后去试着分析和识别陌生人的各种微小动作，并不断积累经验，了解越来越多的肢体语言所透露的信息。

另外，要知道一个人行为变化的含义，一个人行为发生变化，表明这个人正在对某种信息进行加工或调试，这也能反映出某个人在某种环境下的兴趣和意图。对这些行为变化的了解，可以帮助我们预测将要发生的事，让我们获得更加充裕的时间以找到应对的方法。FBI办案人员，总是能够从犯罪嫌疑人细微的动作变化中捕捉到他心理状态的变化，从而找到审讯的突破口。

根据办案人员的经验，犯罪嫌疑人微小的手部动作，腿部动作，躯干突然挺直、前倾或后倾，眼神的专注和不专注，瞳孔大小的变化等，都可能隐藏着嫌疑人的犯罪线索。

FBI的这一办案经验，完全可以应用到我们的现实生活中。人们第一次与人见面时，就可以通过观察对方不经意间做出的肢体动作，去分析判断对方的个性以及心理变化，从而在短时间内了解对方的个性以及好恶，为自己赢得掌控局面的机会。本书通过典型案例以及细致的心理分析，向人们展现了作为"非语言"形式的肢体语言在各种状况下所传递的信息。比如，手部动作所包含的各种含义，腿部在不同情形下的下意识动作，眼神动作、视线移动所表达的意义，以及人们在说话时的语态所传递的各种信息等，并通过对这些肢体语言的展示，为大家提供了很多值得参考的行为动作的常识。

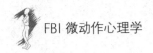

任何一种动作都可以是人们了解他人内心世界的途径。语言可以伪装，但人类的行为和眼睛动作却很容易在不经意间泄露一个人的内心秘密。无论他隐藏得多深，都能透过肢体语言发现其中的端倪。因此，想要更多更快地了解他人，拥有更顺利的人际交往，就要在生活中做一个有心人，只要善于观察、勤于思考，就能够掌握识人的本领。我们编写本书的目的也在于此，希望读者通过阅读本书能从中学习到一些识人的技能，从而在人际交往过程中更加游刃有余。

目 录

第一章　第一印象：

FBI 告诉你从第一印象认识对手

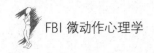
1

怎样才能形成完美的第一印象

在社会交往中，人们留给他人的第一印象对自己有着不可估量的影响。FBI 根据多年的判案经验，总结出这样一个结论：当互不认识的人第一次见面时，对对方 60% ~ 80% 的初步印象是在相见后的四分钟之内形成的。这就是人们所说的第一印象。科学研究表明，大脑神经系统对新信息的反馈是人们形成第一印象的原因，起决定作用的是杏仁核和皮质层。人类的大脑会将每天所接收的信息进行编码，在初次接触到某一事物时，大脑中的杏仁核和皮质层会根据对方的特征进行快速分类，使得人们对这一事物形成第一印象。而对第一印象起决定作用的就是观察者的视角，以及被观察者的表现。

第一印象对人们的重要性到底有多大？美国前总统克林顿与其夫人希拉里的结合以及由此对美国历史的影响，不能不说有赖于他们的初相识。他们第一次见面是在耶鲁大学图书馆。初相遇时，希拉里与克林顿对视了很久，之后她主动走向克林顿，并对他说："我们既然对视了这么久，我认为我们可以相互认识一下。"正是希拉里的这句话，开启了二人人生的新篇章。

可以说，有很多男女的结合正是源于彼此美好的第一印象。当然，很多时候，第一印象带给人们的感觉都各有不同。比如，有人因为第一印象博得了用人单位的好感，于是顺利找到了一份可心的工作，有人则因为第一印象而失去了这样的机会。可见，第一印象对于人们的影响有多大。一位作家就曾说过，对于第一次见面中不喜欢的人，他绝不会见第二次。

既然第一印象的影响如此巨大，那么人们应该如何让自己留给他人的第一印象变得更加完美，从而获得更多的关注、信任，为自己的人生赢得更多的机会呢？

FBI 在办案过程中，由于经常接触到形形色色的人，并需要尽可能地在短时间内对其进行正确的分析和判断，所以探员们对人的观察十分细心，他们可以从第一印象中很快判断出一个人的身体状况、文化教养、个人素质等。当然，在我们普通人的生活中，对他人留给自己的第一印象所做的判断有时难免出现偏差。比如，很多人看到娃娃脸、大眼睛就会觉得这个人比较亲切、单纯；见到健谈，热情开朗的人就断定他善良，否则便认为他悲观、内向。或许，真实情况不是这样的。第一印象未必真实，而基于第一印象所作出的判断也未必准确。不过，我们不可否认的是，第一印象有一定的持久性，一个人要改变自己对他人作出的基于第一印象的判断，是要花费一段很长的时间的。所以说，在社会活动中，重视自己留给他人的第一印象还是很有必要的。

研究表明，在第一次会面中，外表在个人印象得分中占到了50%，即身高、性别、年龄、体重、肤色、形体语言、衣着打扮等。作为外表的一部分，这些因素都起着相应的作用。其次，一个人的说话声音和方式，占据了第一印象的38%，其传达的信息及内容占7%。因此，在与他人初次见面时，

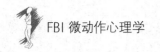

要想给人留下完美的第一印象，应从这几方面下功夫。

对于穿着，有些人并不十分在意。殊不知，服装作为一种"非语言"，其实是有着一定的暗示含义的。

一位公司老板曾这样告诫自己的员工：如果你迟到了，不管是因为什么，都不要着急忙慌地来上班。否则，当你衣衫不整地走进办公室时，所有人都会以为你碰到了麻烦。所以，当迟到已成为不可更改的事实时，就索性迟到，拿出一些时间好好地把自己打扮一下，让你看起来有条不紊。这样，你就会因你的良好形象使得你的迟到得到一定的补偿。

一些职业设计师和心理学家为了帮助人们建立良好的第一印象，给出了这样几条建议：

（一）初次与人见面时，花点时间在穿着打扮上，注意一下自己的仪表。做几个深呼吸，消除紧张感，从而给人从容淡定的初印象。

（二）微笑面对他人。微笑是最好的语言，它能快速消解彼此的陌生感，使双方更容易轻松交谈。因此，与人初次见面时要面带自然的微笑。

（三）研究表明，展现你对他人的兴趣会让你更有魅力。在与人见面前，要弄清楚对方的名字。初次相见，就能开口叫出对方的名字，这会让对方非常高兴，你也因此会给人留下良好的印象。

（四）用眼神沟通。第一次见面，对方是位女性时，切忌直勾勾地盯着对方，那会让人对你产生误解。与人交流时要平视对方，也就是用眼神说话，这样会让对方感觉到你的强大。但眼神不能朝向侧前方，那会让人觉得你流露出的是不屑一顾的神态。

（五）杜绝无用动作。交谈过程中不要有什么小动作，要集中注意力。如果在与对方交流时不断出现各种小动作，如整理衣服，摆弄头发等，会让人感觉你对人缺少起码的尊重。

另外，手机尽量调成静音。如果实在有不得不接的电话，要跟对方说声"不好意思"，一般情况下，这样还会赢得对方的理解。

（六）在与人交流时，要表现出积极的态度。态度很重要，因为它直接影响着你所释放的信息。如果你的态度是积极的，即便在焦急紧张的情况下，你的态度也会给周围人带来好的影响。

（七）一定要注意自己姿势。站着时要直立，这会让你看起来很自信；坐着时，不要把手放在胸前，或者翘起二郎腿；与对方握手时，也有一定的讲究，一次强有力的握手会给对方留下好的印象。

在初次与人见面时要从多方面考虑，每一个环节都要注意到。人们常说，细节决定成败，而能否给他人留下完美的第一印象正是由诸多细节决定的。完美的第一印象在交友、相亲、找工作等诸多方面都对我们有着深刻的影响，它可能会因为你的大意和随便让你失去本不该失去的机会。因此，想要赢得人生中的各种机会，在与人第一次会面时，做足充分的准备十分有必要。

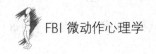

2

第一次见面，怎样读懂别人的心思？

第一次与人见面能迅速读懂他人的心思对自己很重要，因为那可以让你很快做出应对他人的反应。正确的反应在之后双方的交流中，甚至对于是否继续交往，都起着一定的正面作用，错误的反应则会适得其反，还可能会让双方陷入一时的尴尬境地。因此，初次见面时想要双方的交流更加顺畅愉悦，首先要读懂对方的心思。那么，如何才能在初次见面时快速读懂对方的心思呢？

初次见面，虽然双方都很陌生，但如果留意观察对方，还是可以从一些细微处读懂对方心思的。实际上，一个人的面部表情、言谈举止、衣着服饰等方面都会透露出他的个性与心思。因此，只要在这些因素中捕捉到其所透露的复杂而微妙的信息，就可以准确地判断出一个人的情绪、性格、态度等。所以说，在初次与人见面时，如果你是一个善于观察、心思细腻的人，就能够在很短的时间内将这些信息收集到，并通过快速分析、判断、洞察出对方内心的真实想法。

德谟克利特是古希腊的一位哲学家，被后人称为"唯物论的鼻祖"。这位哲学大师有着很强的洞察力。有一天，德谟克利特在街上散步，碰到了一位熟识的姑娘，于是，他上前与这位姑娘打了一声招呼："姑娘，你好！"第二天，非常凑巧，德谟克利特散步时又遇到了昨天同样打扮的那位姑娘。然而，仅仅隔了一天，他就发现了姑娘与昨日的不同，于是这样招呼道："这……太太，你好！"

一夜之间成为"太太"的那位姑娘，其身份的变化就那样被德谟克利特一眼看穿。姑娘马上羞红了脸，微低着头让德谟克利特从身边走过。那么，德谟克利特是如何看出姑娘的变化的呢？当然是从姑娘的脸色、眼睛的活动情况，以及面部表情和走路的姿态等一系列细微的行为举止中看出来的。而能够做出如此准确的判断，当然与德谟克利特善于观察的个性分不开。

据说，这位哲学大师有着极其强烈的探索精神和敏锐的观察力。他有时正吃着新鲜的水果时，会突然从房间跑出，到果菜地里去搞清楚那个瓜果好吃的原因。从这点可以看出，他为什么会有那么神奇的识人本领了。当然，德谟克利特的故事也告诉人们这样一个道理：对于善于观察的人来说，一个人的样貌举止是可以反映出他的精神和身体状况以及他的性格等信息的。

在 FBI 办案多年的探员由于接触过各种类型的嫌疑人，因此，他们能够从嫌疑人的每一个看似平常的动作和话语中，以及他们的着装上，洞悉到常人难以看出的丰富的非语言内容。而正是这样的观察能力，让他们一次次地从这样的判断中准确地找出嫌疑人的罪证。FBI 探员是一群训练有素的人，善于观察是他们工作必备的能力。不过，任何人通过努力学习，都可以使自己的观察力得到提升，从而在与人初次见面时快速读懂对方的心思。

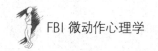

想要掌握快速读懂对方心思的技巧，可以从以下几个方面入手：

（一）肢体语言：与人初次见面时，可以留意对方的肢体动作。一般情况下，身体动作不仅显示着对方当下的内心状态，也显示着他的性格特征。

例如，紧张的表现：初次见面交流时，如果对方时不时地触摸颈部，则表明他内心有些紧张，正在下意识地用这样的动作试图消除紧张感。另外，按摩额头或摸耳垂，也是一种紧张的表现。同样，如果女士摆弄颈上的项链，男士时不时拉领带，都表明他们正处于一种紧张状态。

深呼吸或是话语突然变得多，也是平缓情绪的方法。如果你看到对方深呼吸，就可以断定他可能正在压抑自己的情绪。或者，在交流过程中，本来话语较少的人突然话多了起来，也表明此人的情绪开始变得不太稳定了。除此之外，还有很多细微动作都能显示出对方的紧张情绪。因此，当你观察到对方的这些小动作时，可以根据情况决定你应该做出什么样的反应。

（二）眼神：初次见面，当你发现对方在和你交流时没有眼神的沟通，那么一般情况下，你可以断定此人正在试图隐瞒什么，这时你要注意了。

（三）鼻子：在交流时，如果对方时不时地擦鼻子，可能说明他对你说的话持有不同观点和意见。这时你可以停下来，听听他的想法，而不是一味地自顾自地讲下去。

（四）揉眼睛或者捏耳朵：在彼此交流时，如果对方出现揉眼睛或是捏耳朵的动作，可能表明他对你说的话心存疑惑。所以，你可以试着询问他此刻的想法，以更好地将自己的意思或观点讲给他听。

（五）握紧拳头：在与他人初次见面时，你如果发现对方紧紧地握着拳头，那就要当心了。这样的动作，表明他此刻可能正处于一种愤怒状态。当然，这种动作有时也意味着一个人对某事的坚决态度。

（六）脚步动作：初次见面时，如果在交流的过程中对方将自己的双脚置于朝着门的方向，那很可能表明他此刻正准备离开。你如果观察到这一点，可以快速做出应对反应，以有利于你达成自己的目的。

（七）下移：初次见面交流时，如果对方坐在椅子上往下移，则很可能表明他对你说的话很赞同。这时，你可以充满自信地将自己的观点说出来。

（八）清嗓子：与人初次见面时，如果在交流的过程中，发现对方有意识地清嗓子，那你就要当心了，因为这个动作表明的是一种轻责的态度。所以，你该好自为之。

（九）搓手：初次见面时，如果对方总是不停地搓动自己的双手，那表明他对你是有所期待的。

初次见面，在不了解对方的情况下，想要顺利完成交流或者达成某种目的，就需要有很强的观察力来帮助自己，从对方的一些细微的表情动作中找到突破口，以做出及时正确的反应，使初次见面成为双方交往的良好开端，或是很好地解决当下的问题。这些都需要在生活中慢慢锻炼，时间长了自然能掌握一二。

3
初次见面，从点菜上读懂对方的性格

　　现代社会，人们经常会参加一些聚餐。在参加聚餐的人中，有很多人可能是第一次见面，他或许是朋友的朋友，或许是生意上的初次合作者等。众所周知，初次见面的第一印象非常重要，因此，在彼此并不熟悉的情况下，先通过对一些细节的观察来了解对方的性格与喜好是很有必要的。只有了解了对方，才能知道从哪里切入话题更好，才知道怎样做更合宜。所以，要想让初次相见的相处变得更为融洽，要想给他人留下完美的最初印象，就要有识人的本领，就要能从一切可能了解对方的方面去观察，从而窥探出对方的一些性格特点，更快地与之熟络起来，为顺利沟通打下良好的基础。

　　凯文是一家国际贸易公司的高管，工作方面一直比较顺利，只是人过三十了还没有找到合适的结婚对象。一次，朋友给他介绍了一个叫爱丽丝的女孩，凯文与爱丽丝的初次相见约在一个餐厅。女孩很漂亮，工作单位也很好。但是在吃饭时，爱丽丝很麻利地点了很多自己爱吃的菜，结账时花费了不少钱。在爱丽丝看来，凯文是一个高管，自然不差钱。但她不知道自己这样做，实际上忽略了对方的感受。凯文虽然身为高管，但一向崇尚节俭，所以在看到爱丽丝的举动后，他马上意识到对方可能是一个贪图享受的人。而从爱丽丝考究的穿着上，更是确信了这一点。他认为爱丽丝与自己不是同类人，不合适做自己的妻子，于是，果断地选择了放弃。

只是一次点菜，凯文便认定了爱丽丝不是自己妻子的合适人选，而爱丽丝则可能无从知晓其中的原因。但无论如何，她通过点菜而暴露出的性格特点确实可以让人明白，要了解他人的性格，可以从生活中很多细小的环节入手。吃饭点菜，人们往往并不在意这样简单的行为，而正是这种下意识的行为才昭示出一个人性格的某些特点。有心之人看在眼里，就会把它当成对对方做出评价的重要因素，从而对未来是否与之交往、如何交往产生深远的影响。美国的 FBI 办案人员发现，从一个人的行为中可以解读出他的性格特点，而一旦掌握了一个人的性格特点，对于他在既定环境中做出什么举动就能很容易地判断出来。可见，在与人初次见面时如能通过对对方的某种行为而看出其性格，这对于之后的交往、交流将会是很重要的。所以，很多人会在餐桌上，对他人不漏声色地进行观察。

事实上，从点菜的方式的确可以看出一个人的性格。那么，各种不同的点菜风格会透露出怎样的个人性格特点呢？

聚餐时，点菜是"必修课"。而在饭桌上点菜的几分钟，是一个人性格特点流露的最佳时间。一样是点菜就餐，不同人就会有不同的点菜风格，这个点菜风格也正是其性格的外在显现。

（一）征询他人之后点菜：有的人在点菜时，会先问一下其他人的意见，然后再点菜。这类人，属于比较灵活的人，而且非常注重细节，但他们在生活中有时会略显拘谨。

（二）点自己爱吃的菜：有的人拿到菜单后，先把自己爱吃的菜点上。

这类人的性格一般比较直爽，他们行事果断，不会伪装，也不喜欢比较小家子气的举动。如果遇到这样的人，无需太注重小节，更不用故弄玄虚。

（三）说出自己想吃的菜：在聚餐中我们常常会遇到这样一些人，他们会将自己想吃的菜告诉主人，然后等着主人做决定。这类人的性格大都比较开朗乐观，为人友善，他们通常懂得照顾别人的感受，但对自己也不会轻易地委屈。

（四）不发表意见者：在聚餐时，有一些人对于点菜这个问题从不发表任何意见，别人点什么就跟着吃什么。这类人的性格一般比较温和，他们大都随遇而安，因此平常也比较喜欢"随大流"。他们不会轻易与人发生冲突和争执，但很容易忽视"自我"。

（五）点菜特别慢：有的人在点菜时，将菜单翻来翻去很难下决定点什么菜。这类人的性格通常比较认真，他们做事往往一丝不苟，而且能积极认真地听取他人的意见。不过，这类人会显得缺少主见。

（六）先点好菜，然后再根据情况变动：这类人在点菜时并不犹豫，但是菜点完之后，常常会再对所点的菜进行更改。这个细微的举动透露出此人小心谨慎的性格特点，这种人在生活和工作中大都比较优柔寡断。

更换点好的菜，会给人留下办事啰嗦、性格软弱的印象。更换点好的菜或许是正确的，但已经点完的菜再进行更换，则表明此人对大局的掌控能力不足。

（七）先请服务员介绍菜品，然后再点菜：有些人在点菜时总喜欢对服务员的业务水平先考察一番，让服务员将菜名报一下，介绍一下菜品的特色，然后再决定点什么菜。这种人大都有着很强的自尊心，不喜欢被人指挥，讨厌欺诈行为。如果菜品简单，但菜名起得很怪的菜，会引起他很强烈的反应。当然，这样点菜风格的人性格很独立，他认准的事是不会轻易变动的。

　　这种人往往很坚持自己的选择。在做事的效果上也喜欢追求完美，他希望自己能够不同凡响，一鸣惊人。所以，这类人对他的分内之事一定会尽全力而为，积极地对待。而在与人交往时，却能够表现出一定的弹性，让双方都能有面子。

4

初次见面，打电话的动作能看出个性

想要了解一个人的个性，可以从很多方面入手。如果你足够细心，完全不会放过任何一个可能窥探出他人个性的细节。

FBI 有着全球最出色的心理研究机构，他们结合社会环境和人性的本质对不法分子进行全面的心理研究。旨在通过这样的研究，来了解罪犯的想法，进而对案件的破获有所帮助。在他们看来，了解了别人的想法，才能读懂别人的心理变化。现代社会，随着时代的发展，人们越来越希望能够读懂别人的心理变化，因为在当今竞争激烈的年代，唯有读懂别人的心思，才能成功掌控他的心理，进而赢得更多的竞争，成为社会的强者。

在社会生活中，与人交流和共事时，都需要揣摩对方的心理变化。因为人都是带着"面具"生活的，很多时候，人们会将自己内心真实的想法掩藏起来，这就需要我们通过一些细微的动作和表情去了解他的个性和真实的心理变化。所以，通过某些细节去了解他人是非常必要的。

随着科技的进步和发展，人们已经非常依赖于通信设备来进行交流了。因此，在人际交往中，特别是初次与人见面时，如果对方有电话打进或打出时，可以通过他打电话的各种小动作，来分析和判断他的性格特点。那么，一个人在打电话时的动作和表情可以透露出其怎样的真实性情呢？

（一）认真听电话的人：在电话沟通时，如果一个人出现身体前倾，同时伴随着丰富的面部表情，并做出各种相应的动作，就可以判定此人性格随和，为人友善，而且在工作和生活中都充满着自信。这类人大都有着较强的自制力，能够很好地掌控自己的生活。

（二）与他人通话时，姿势悠闲：很多人在与他人通话时，会保持很悠闲的姿势，给人一种悠闲自得的感觉。这类人通常性情稳定，拥有冷静的头脑。就算在生活和工作中遇到麻烦和困难，他们也能够表现得镇定从容，具有面不改色的气势。

（三）通话时，表现三心二意的人：有些人在与人通话时表现得三心二意，而且继续着手里的事情。一般情况下，这种人的性格大都比较急躁，他们说话做事会争分夺秒。这类人往往富有进取精神，不论在工作还是生活方面都会以积极的态度去面对，并能够认真负责。

（四）通话时，喜欢信手涂鸦的人：有些人在与他人通话时会经常在纸上乱写乱画，这类人大都具有艺术才能，有着丰富的想象力，但往往也会不切实际。他们生性乐观，无论遇到多大困难，都会以积极向上的态度去面对，所以，这类人很容易解决掉生活中的各种难题。

（五）通话时，不停摆弄电话线的人：我们经常会看到一些人，在打电话时用手指不停缠绕着电话线。拥有这类习惯的人大都生性豁达、开朗，对待生活与工作有着玩世不恭的态度。这些人很会自我安慰，懂得知足。因此，他们往往给人无忧无虑、安于现状的感觉。

（六）通话时，紧握话筒之人：一些人在打电话时，会不经意地紧紧握住话筒。这类人一般属于外圆内方之人，他们或许表现得很圆滑世故，但实际上个性比较坚毅。这种人一旦下定决心，就会坚持下去。与之相反，打电话时，轻握话筒的人缺少持之以恒的精神，做事情只有三分钟的热度。更多的时候，他们打电话只是为了宣泄内心的不满而已，因此，对于对方的倾诉反而不会耐心倾听，不过这类人往往具有独创性。

（七）通话时，习惯握住话筒中间的人：打电话时，握住话筒中间的人属于温和型的性格。这类人在与人交往时，总会表现得大方、沉稳、温和。

（八）通话时，握住话筒上方的人：一般情况下，在生活中习惯这种握法的大都为女性。拥有这种习惯的人往往比较神经质，性格属于歇斯底里型。这类人不喜欢热闹的氛围，而且情绪波动比较大，经常会因为一些小事大发雷霆。但情绪转换得又特别快，让人琢磨不透。

（九）通话时，手握听筒下方的人：一般男性习惯这种握法。这类人往往体力充沛，富有冒险精神，且行动力强，他们对于他人托付的工作会爽快地接下并很快完成。习惯这种握法的女性，则会是一个过于任性、好恶感较强之人，因此比较缺乏温柔细致的一面。

（十）通话时，听筒离耳朵比较远的人：有些人在打电话时，会让听筒离耳朵远一些。这类人拥有很强的自信心，社交能力、行动力都比较强，而且有着很强的个性和表现欲。有这种习惯的女性会因过于好强，给人强悍的感觉。

在现代社会中，电话已经成为人手必备的物件，随时随地接打电话已非常普遍。所以，能在与人初次见面时，及时捕捉到对方打电话的细微表情和动作，对于及时了解对方的性格特点会有很大的帮助。当然，这个前提是你足够细心，善于从细微处观察，并能做出准确的分析和判断。

5

从抽烟看他人的性格特点

在与人初次见面时，想要了解对方的性格特点，还可以根据他抽烟的习惯性动作来观察判断。FBI 人员在办案过程中，往往会从犯罪嫌疑人捻灭烟头的不同动作来对其性格特征进行识别。那么，吸烟之人在捻灭烟头的动作中，都会暴露出怎样的性格特征呢？心理学研究表明，如果一个人将仍在冒烟的烟蒂随便扔进烟灰缸，则可能表明此人凡事以自我为中心，比较自私、懒散。这类人通常做事不够严谨，喜欢打马虎眼，会经常遗失东西，别人拜托他做的事也往往不了了之。

如果一个人在扔掉烟蒂时会用按压的方式将烟熄灭，那么，这可能是他发泄心中不满或是产生了某种欲望的表现。这类人个性比较倔强，甚至有些偏激，因此在遇到事情时容易冲动。他们有着充沛的体力，但是对心中的各种欲望找不到合适的方式去处理，因而内心常常感觉焦虑、急躁。不过，他们会深得上司的喜欢，因为这类人做事时比较积极，很少出现半途而废的状况。

如果一个人在扔掉烟蒂时，会先将其轻轻地熄灭，则表明此人非常注重自己在他人眼中的形象。因此，这种人往往行事谨慎，很少会因鲁莽而

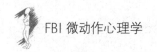

做错事。与此类人交往时，也不要太大条，应表现出谦逊和彬彬有礼的样子，这样才会赢得他们的认同。不过，由于这类人做事过于谨慎，致使在某些时候可能无法将自己的意见完全传达给对方。而且，也正是由于谨慎过度，他们有时会显得犹豫不决，从而让一些大好的机会白白溜掉。

如果一个人吸过烟后，习惯用脚踩灭烟蒂，那么，这表明他是一个喜欢争强好胜之人。这类人的特点是不会轻易认输，有一定的攻击性。因此，他们往往喜欢对他人进行讥讽、打击。这类人的人缘较差，但倘若他对某人产生好感，就一定会向对方表明。

如果，在你初次与人会面时，对方有以上这些捻灭烟蒂的动作，那你便可以根据上述来大体判断出其性格特征，从而找到合适的方式与之交流。当然，抽烟作为大多数男士和少数女士的习惯，除了上述几种习惯动作之外，还有很多种探寻其性格特征的其它途径，如从他们吸烟的姿势中去判断其性格特征。

我们先从男人说起。不同的人会有不同的吸烟姿势，如果仔细观察可以看到，每个人在吸烟时的手指位置都是不一样的，这些吸烟方式可以大体分为五类：

A.摊开手指使大拇指按着下巴，或者放在嘴边；

B.抽烟时大拇指放在旁边；

C.用中指和食指的指尖夹烟；

D.把烟放在中指和食指的骑缝口指根上；

E.反手拿烟，也就是说，吸烟时手掌是向外张开的。

吸烟的方式大体有这样五种，那么，这几种吸烟方式各有什么含义呢？

A 型：摊开手指拿烟的人

这种人往往比较敏感，情绪化，逞强任性。似乎很难让人接近，但事实上这种人是比较喜欢亲近他人的。当然，有些人平时可能并不这样拿烟，只是在心情不好或紧张时才会这样。

B 型：吸烟时，把大拇指放在旁边的人

这类人大都很独立，他们意志坚强，但同时也很自负，不喜欢被别人命令。不论遇到什么问题都想给出自己一点建议，不然就觉得不放心。他们喜欢忙碌的状态，属于领导型的人物。他们的缺点是性子太急，而且一向好大喜功，所以有时难免会遭遇失败。如果他们遇事能多一些冷静，对自己会更有利。

C 型：用指尖夹烟的人

这类人比较善良，他们大都性情温和，比较照顾他人的感受，所以做事时总会为他人留有余地。不过他们对任何问题都持消极态度，不喜欢冒险，在做事时往往会选择一条最安全可靠的方法。这类男人很会体贴人。

D 型：用指根夹烟的人

这类人比较实际，为人处世不含糊，是可以信赖的人。他们看上去和善老成，但有时候也会出人意料地大干一场。这类人不是顾家的类型，他们很喜欢在外活动，喜欢社交，并对自己的生活方式很自信。可以说，这类人有着很强的能力，是干事业的好材料。

E 型：抽烟时手掌向外的人

这种人非常随和，可以说他们和谁都能聊得来，在社交方面游刃有余，喜欢与各种不同类型的人接触。虽然他们有时候也会遇到挫折，但由于开朗乐观，所以不管在成功时还是失败时，都会有很多的朋友。

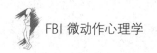

以上是男人的五种吸烟方式所体现的性格特征。接下来，我们再看一下女人的吸烟方式所体现的性格特征。

吸烟的女性大都属于性格外向之人。吸烟时比较喜欢追求烟草刺激的女性，往往比较外向；而靠吸烟使自己镇静的女性则相对内向一些。那么，女性吸烟的姿势大体分为哪几种？它们又分别揭示出哪些性格特征呢？

A. 扬起小手指夹烟

习惯于这种拿烟姿势的女性比较神经质，她们内心敏感，做事拘泥小节，对人好恶分明。这类女性比较娇弱，因此有着迷人的女性气质。与其他类型的女性相比，她们对周围的人可能稍显吝啬。由于对自身要求苛刻，所以会比较缺乏自信。如果这种女孩留有长指甲，则表明其心中有无法满足的欲望，因此，自我显示欲较强，很难控制自己的情绪，有勃然大怒和容易焦躁的一面。

B. 将烟叼在嘴角，烟头微微向上

这类女性比较自信，不怕困难和挑战，通常对某项工作很有经验，她们喜欢不断超越自我。采取这种吸烟姿势的女性能够在富有个性化的工作上充分展示自己的实力，但她们往往喜欢以自我为中心，所以很容易得罪他人，造成人际关系的不顺利。这类人比较清高，喜欢独来独往和自由自在。

C. 夹烟时手离烟头位置比较近

采取这种方式吸烟的女性大都比较细腻敏感，做事时注意小节，很在意别人对自己的看法，因而看上去比较内向。但她们能够比较好地控制自己的情绪，即便心里不高兴，也不会让别人看出来。她们沉得住气，行事小心谨慎，做任何事都会在充分思考后再采取行动。另外，她们的艺术感较佳，对美的感受力也比较强。

D.夹烟时手离烟嘴位置近

这类女性通常有着较强的自我意识，喜欢引人注目，我行我素。此类人大都活泼大方，不拘小节，而且个性坦率直爽，行动迅速敏捷。不喜欢被束缚，对于自己的喜怒哀乐会明显地表现出来。她们喜爱社交，也喜欢照顾人，是聚会时受大家关注的人物。同时，她们也是走在时尚前沿的人，喜欢浪漫和新鲜刺激，花钱时从不多做考虑。

E.吸烟时手夹住香烟中间位置

这类女性属于安全型人物，她们待人亲切，有很强的顺应力。此类女性属于好好先生，不太会拒绝他人的请求。对于别人的请求，尽管有时并不情愿为之，但也不会表现出来。她们为人处世比较小心，也很少给人提意见。她们很在乎别人对自己的看法，不会随意将自己的欲望和欲求表现于外，是属于比较内向的人。

F.抽烟时身体会轻轻摇晃、抖腿

有些女性在抽烟时会有一些下意识的小动作，比如身体轻轻摇晃、抖腿等，总是安静不下来。这样的女性大都爱好广泛，不太注重外观。不过此类人做事积极，待人热情。但同时也不习惯于单调的生活，容易见异思迁。

G.吸烟时吸半口吐半口

此类女性往往把抽烟当做一种感情的依赖和寄托。她们有着丰富的内心世界和情感，怀旧，感情专一。不过这类女性大多时候比较孤独，不喜欢向他人倾诉自己的心事。她们有着敏锐的直觉和高雅的气质，比较机敏善变，属于内秀的女性。

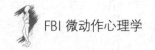

H. 喜欢整个吸下去，再慢悠悠地吐着烟圈

此类女性具有幽默感和亲和力，而且富有智慧，属于行动型人物。她们对于穿着有着自己独到的眼光，但往往对生活质量要求比较高，追求物质和精神的双重满足。这类女性中也有一部分人意志比较薄弱。不过她们对人比较体贴，充满善意。

第一次与人见面时，如果对方正在吸烟，不妨观察一下他吸烟的姿势和其中细微的动作，这样对快速了解对方的性格特征还是有一定帮助的。

第二章　下意识动作：

FBI 告诉你从下意识的小动作看懂人

1

从眼神读懂对方的心思

FBI 人类行为学早就告诉大家，动作是一个人内心的反应。当一个人内心发生了变化时，会从外表情不自禁地表现出来。因此，在第一次与人见面时，可以通过这些细微的动作读懂对方的内心世界。

美国著名文学大师欧·亨利说："人的眼睛是探照灯！"心理学研究表明，透过人的眼睛可以窥伺到对方的心理变化，因为眼睛是一个人感受世界的重要渠道。不管一个人用怎样高超的技巧隐藏自己内心的真实想法和性格，但他的眼睛是不会撒谎的。只要注意观察他的眼睛，就一定能从中探寻到他内心隐藏的秘密。所以，当我们与人初次见面时，想要清楚他内心的真实意图，就可以透过眼睛这个心灵的窗口来实现。

一个人的视线变化中蕴含着丰富的内容，如果我们仔细观察，就一定会从对方瞬间变化的视线中捕捉到他的所思所想。因此，想要摸透对方的心思，可以通过视线，来探寻对方内心深处的真正想法和情绪变化。

若想知道对方的心理变化，首先，要观察对方的视线是否专注。

当你与对方交流时，如果他的视线没有注意到你，那就表明他根本没想理你，或者对你不感兴趣。发现这种情况时，你应该想到这样两方面：

其一，对方对你所说的话题确实不喜欢，或者你的话题跟对方毫无关系，因此对方没必要去关注。此时，你应该适可而止，这样不至于让对方产生厌烦情绪；其二，对方实际上一直在认真听你所讲的话，只是表现出毫不在意的样子，其实内心非常在乎。这是一种伪装，目的是转移你的注意力。如果此时你闭口不再说话，他会认为你在故意耍他，这样会对你们的交流带来一定的负面影响。

假如你与对方交谈时，对方的眼神比较专注，则表明他在专心听你讲话。你所说的一切，他都在理解接受。这种行为也分为两种情况：一种是你讲述的内容是对方感兴趣的，所以他一直听着、感受着；另一种是你讲述的内容对对方没有任何用处，他只是出于礼貌和尊重一直在听你讲。这个时候你要判断出，他的专注到底属于哪种情况，以及用什么方法适时地结束你的讲话。

在你初次与对方交谈时，如果对方没有集中视线，则可能说明对方是一个性格比较主动的人。如果你误会他不想理你并因此有了成见，那你就错了，说明你的情绪已经被对方左右了。因此，初次与人见面交流时，如果观察到对方视线不集中，那就要小心应对了。

其次，从对方视线的移动频率揣摩对方的心理。

如果对方与你初次见面视线就对你上下扫动，这表明他在打量你。这种行为并非出于不尊重，因此，你不必介意。如果在你的视线碰到他的视线时，他却迅速转移了视线，则表明对方是一个性格比较内向、自卑的人，或者，他对你有所隐瞒。

另外，通过对方视线的角度来看透对方的心态。

在你与对方初次见面时，如果对方是仰视你，这表明他对你是尊重和

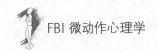

敬佩的；如果对方俯视你，则表明他在故意保持自己的尊严，其实内心有点虚；如果对方在见到你后，视线没有从手头的工作上移开，表明他对你不感兴趣，所以会以一种怠慢、心不在焉的态度对待你；如果对方的视线是斜视的，表明他对你不屑一顾，是一种鄙视的态度；如果他的视线扫视了你之后又发出笑声，说明他在讥讽你。

当你面对对方时，他的视线中流露出温和的信息，表明他对你是友善的、信任的、尊敬的，对你说的话也很关注；但如果对方的视线很犀利或很严肃，则表明他在对你发出警告的信号，你的某种行为可能对他已有所侵犯。

人们的心态信息从视线中很容易流露出来，只要仔细观察，就可以发现其内心的秘密。因此，如果具备从对方视线窥探其心思的本领，就可以在第一次与人见面时更好地掌控局面，进而达成自己的目的。

除了从视线中可以窥探出对方的内心想法之外，从其眼部动作中，也可以揣摩出他的心思变化。医学研究发现：眼睛和大脑一样，都具有分析综合的能力，而眼睛的一切活动变化，又直接受脑神经的支配。因此，人的感情自然会从眼睛中反映出来，它所流露的信息的真实度也胜过语言和其它行为。

因此，观察一个人的眼部动作对于了解他的心思有很大的帮助。FBI办案人员深知这一道理，所以在办案过程中，他们从不会放过对嫌疑人眼部的观察。

眼部动作大体有这样几种情形：

（一）眼睛斜瞟

一般女性比较爱做这样的动作。如果在第一次与男性见面时，她用眼睛斜瞟这位男性，表明她内心还是比较中意这个男性的。但她又比较害羞，因而会不敢直视对方，但又特别想好好看看他，所以，只能用斜瞟的方式偷偷地看。

如果你是男性，与一个女性第一次见面时，她的眼部动作是这样的，你千万不要生气，那说明她对你有好感。

（二）眼睛上扬

一个人在假装无辜时，往往会做出眼睛上扬的表情，同时还会伴有耸动肩膀的动作。

一般情况下，当人们听到有人在讲自己的坏话时会做出这样的表情，意思是自己真的没有干过某种事，别人这样说是在造谣生事。

（三）眼睛上吊

当你初次与某人见面时，如果发现他的眼睛上吊，则可以大概断定他是一个心机很重的人，并且是一个为了一己私欲而喜欢夸大事实的人。不过，这种人大都比较消极，有一些小小的自卑感，所以对与他人正视缺乏一定的勇气。

（四）眼睛下垂

当你初次与某人见面时，如果对方的眼睛下垂，表明他对你有轻蔑之意，或者对你毫不在意。可以说，这个动作是不友好的。发出这种动作的人往往个性冷静，很少有冲动情绪出现。但这种人通常很任性，不会轻易改变自己的观点，而且只为自己考虑。

（五）眼珠转动快或慢的人

眼珠转动快的人通常反应快，有着敏锐的第六感，能迅速看透人心。他们具有特立独行的个性，但容易情绪化；眼珠转动慢的人，大都感觉

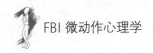

迟钝，情绪波动小，这类人很难被别人的观点左右。

观察一个人的眼部动作和视线，对于人们在第一次与人见面的情况下，不失为一个快速了解他人的重要途径。如果有了这方面的经验和能力，对于准确识别他人的心思，掌控见面后的局面会有一定帮助。因此，人们应了解一些这方面的常识。

2

从下意识的手势中看出意图

心理学研究表明，每个人的手势表情都能体现出其个性及其心理上的某些信息。也就是说，一个人的心理变化是可以从其各种手势中体现出来的，因此，通过他人的手势对其性格特征和心理状态是可以有一定程度的了解的。由于手势活动的幅度较大，因而有较大的灵活性，它所表达的内涵也非常广泛。

西塞罗曾说："人的很多心理活动都体现在指手画脚的动作中。"手势作为人类最早使用的交际工具，也是人们在交往中使用最多的一种帮助人们相互沟通的重要手段。根据一个人的手势，我们基本可以从中了解到他的心理状态。比如，人们在发脾气时，往往会拍桌子；生气时，会在不经意间挽起自己的袖子，等等。据说在美国白宫，一些办公桌上总摆放着一盆沙子，目的是让那些想发火的人在发火前抓抓沙子，用这样的方式将怒火发泄出去。

现代人需要经常与人打交道，而且很多时候需要面见陌生人，在这种情况下，手势作为交往交流的一种重要信息传播方式，更成为帮助人们了解他人的一种手段之一。因此，应该学会观察他人的手势，并能从其中发

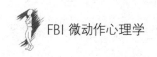

现问题，以使自己对他人的内心想法和心态变化有一定的掌握。

在人际交往中，如果手势不自然，便很可能造成交往和沟通的障碍；而和谐优美的手势，会让对方产生愉快的心情……由此可见，手势作为肢体语言的一部分，在人际交往过程中所起到的作用。那么，既然手势中含有丰富的内容，在人际交往中人们应该如何通过对对方手势的观察，来了解其个性和心理状态，为进一步交流或交往打下良好的基础呢？

在社会交往中，常见的手势大概有这样几种：

（一）有力量的手势

如果一个人做出的手势很有力量，则表明这是一个非常有魄力和勇气的人。这类人通常都很有担当，能负起责任。他们做起事来会干脆利落，不拖拖拉拉。一旦决定做某事，就会马上付诸行动，而且有很强的意志力，就算遇到很大的困难，也不会轻言放弃。

（二）背手的手势

这种手势表示高傲或狂妄的心理。一个人将双手背向后面，其寓意是此人想把内在的威力隐蔽起来，这会让人感觉他有一种神秘感。另外，当一个人处于紧张焦躁的心理状态时，也会把手背身后，以借此缓和紧张的心理，达到让自己内心镇定的目的。

（三）塔尖式手势

所谓的塔尖式手势是指手心相对、指尖相接的手势，这种手势有上下两种情形。向上的塔尖式手势表示一种"自信""高傲""傲慢"和"盛气凌人"的心理，多出现于上下级之间。在摆出这种手势的同时，如果对方兼有双腿交叉、眼神看向别处，或者身体向后倾的姿势，则体现的是一种消极心理，表示这个人对你的谈话已不再不感兴趣，你的谈话可以适可而止了；而向下的塔尖式手势有"让步"的含义。如果在谈判中，对方摆出这样的手势，说明他内心的坚持已有所妥协，这种手势常见于外交场和生意场。

（四）双臂交叉置于胸前的手势

双臂交叉是一种高傲的表现，这种手势会让人感觉到权势或威武。但它还意味着另一种情形：当一个人正处于紧张与矛盾心理状态下，这种手势能起到镇定、防御的作用。在初次与人见面交流时，如果对方突然使用了这个手势，则可能说明他对你的谈话已经不再感兴趣，这时你要适时地将话题转移到别处，或识趣地告辞离开。

（五）支下巴手势

在他人面前支下巴的手势，是一种消极的心理表现。当一个人感到厌烦时，就会自然地垂下头，用手支起下巴。

（六）手指不停地动弹

在初次与人见面时，如果发现对方的手指不停地动弹，说明他目前正处于一种非常紧张的状态中。这种手势表明的是一个人内心无所适从的心理状态，他需要借用这种方式将自己的注意力转移开，以使自己紧张的情绪得到缓解。

（七）用指尖轻敲桌面

当一个人用指尖轻轻敲打桌面时，表明此人可能陷入了某种思维困境，或者他正在认真思考解决某一问题的方法，或者对某个决定犹豫不决，不知道到底该怎么做。也有一种可能，那就是这个人可能已经不耐烦了，想通过这样的方式使内心的压力减轻一些。

（八）十指交叉手势

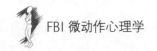

这是一种自信的表示。通常，使用这种手势的人会面带微笑，神情坦然，而且在交谈时也显得恣意潇洒。但如果某人将十指交叉放在自己的腿上，并且两只手的拇指尖相抵，则表明此人眼下不知如何是好或处于进退两难的境地；如果一个人不断地用眼睛盯着对方，并且摆出十指交叉的动作，则表示他心有不满或在忍耐什么；如果一个人将十指交叉放在脸前，则意味着其内心对他人有一种敌意。如果初次与人见面交谈，就发现对方是这样一种手势动作，就不要再继续你的话题了，因为他的态度已表明，你们的谈话已经无法继续下去。

FBI 人类行为学专家认为，肢体语言作为一种"非语言"交流，它往往更能够真正反映出一个人内心的真实状况，泄露他的真实感觉和意图。所以，要学会仔细观察他人的肢体动作。其实，肢体语言并不难发现，很多人之所以欠缺识人的本领，主要原因就是疏于观察。由于没能从对方的一些肢体动作中发现其心理微妙的变化，所以在人际交往中，往往令自己处于比较被动的局面。尤其在初次与人见面时，如果疏于对他人细微动作的观察，就会很不利自己目的的达成。

作为肢体语言之一的手势动作，是人们经常使用并会下意识做出的动作，如果与人初次见面时能在留意这一动作，对于了解对方的一些心理信息是有一定帮助的。

3

抻衣领泄露的秘密？

在商业谈判中，或在求职过程中，或是与朋友的聊天中，感觉到尴尬或不适时，男人往往会轻轻拉一下紧扣的衣领，或松一松袖口；而女人则往往会用手轻轻撩一下头发，或抖几下自己的衬衫。肢体行为语言研究表明，让身上的衣服稍稍远离一下自己皮肤的动作，是一个人在感觉到了某种压力后所做出的一种释放压力的行为动作。因为通常在让身体透气的同时，其紧张的心情也会随之得到一定缓解。从某种意义上讲，人的这种透气行为动作与自我安慰所做出的一些手部行为动作一样，同样属于一种释放心情的行为。但在 FBI 的训练营中，这种行为是绝对不允许的，因为当一个人为了缓解内心的紧张、不适、尴尬而做出一系列看似不经意的肢体行为动作时，也在向其周围的环境透露出了"我现在感觉到了一些不愉快"的信号。因此，FBI 在执行某些特殊任务时，这种肢体行为的出现很有可能导致整个行动计划的失败。所以在 FBI 的特训中，每一位教官都很注重这方面的训练。在实际工作中，FBI 特工也往往会利用人类特有的这种条件反射，有意向对方透露出某些信息来迷惑对方，从而达到误导对方的目的。但从心理学的角度看，绝大多数人都很难做到这一点，用德国心理学

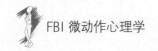

家纳齐斯·阿赫的话讲："释放情绪的肢体行为是人体机能的一种自然反应，除非你的心里还没有遭遇或感受到困难，否则，谁也无法走出这种行为怪圈。"

在 FBI 女特工凯瑟琳的记忆里，有一个案件令她终身难忘，那是她刚刚加入 FBI 不久后遇到的一件十分棘手的案件。这个案件的案情并不复杂，警方在得到有人在进行毒品交易的消息后立刻出动，可还是晚了一步，等他们赶到某酒店时，却只抓到了一个叫做墨尔本的男子（只是一个小角色），而其他探员仅仅在酒店里找到了 500 克海洛因。虽然根据线报的消息可以得出准确的结论：这 500 克海洛因正是这些毒犯要交易的东西，但 FBI 在办案过程中毕竟没有人赃俱获。而墨尔本也正是基于这一点，才摆出了一副有恃无恐的样子。不过他毕竟落在了 FBI 手里，所以他的一言一行仍然十分谨慎。因此，在审讯过程中，凯瑟琳每问一句，墨尔本都会把她的话分析一遍，然后再给出回答。墨尔本这种谨小慎微的行为让凯瑟琳很是头痛，她接连对墨尔本审问了五天，却一点进展也没有。

经过一番思索之后，凯瑟琳再一次提审了墨尔本。此次审讯并没有什么特别之处，凯瑟琳照例从一些细节入手对墨尔本开始了询问，而墨尔本也依然像往常一样，认真回答着凯瑟琳的每一个问题。但是经过一个漫长甚至于显得有些枯燥的过程之后，不知是凯瑟琳的大脑出现了迟钝，还是她有意而为——有几个问题，在这次审讯中她重复问了好多遍。墨尔本仍然做了不厌其烦的回答，并且跟最初的回答一模一样。见此状况，凯瑟琳合上了笔记本，一副打算要走的样子，而且她还对墨尔本说："经过这些天和你的接触，我发现你的确和这些毒品有关系，但是关系并不太大，所以我决定不对你进行起诉了。"当凯瑟琳从椅子上站起来后，发现一直绷紧神经的墨尔本这时候轻轻舒了口气。而就在她欲转身离开时，那家伙竟然伸出手拉了拉脖子处的衬衣领，接着又摸了摸喉头下方的领带结。凯瑟琳假装朝门口走了几步，突然又回过头来，冲墨尔本摇了摇头说："不过，我还是对你感到有点不值。因为我们真正要起诉的是你那些所谓的朋友，可是他们却逍遥法外，而让你来替他们背黑锅，这简直太不公平了。其实依我看，他们根本算不上真正好朋友，哪有这样的朋友呢？你说是不是？你这个人太无辜了。"没想到凯瑟琳的话音未落，墨尔本就愤怒地骂了起来："你说得没错。这帮自私的家伙，每次分钱的时候，他们几个总是借故少分给我一些，说什么我只是负责拿货，不用耗费智商，其实我干的才是最危险的事情。"听罢此话，凯瑟琳暗自高兴起来，然后她取过一杯饮料递给了墨尔本，说："我可怜的朋友，不要急。喝点东西，把你心里所有的苦闷都说出来吧。"凯瑟琳回到了座位上，在她的引诱下，很快墨尔本便将这些人都一一说了出来，而且他还将那些买货方的情况也讲了出来。几天后，在警方的统一部署下，一举将这伙有组织的贩毒团伙给端掉了。

凯瑟琳的这一次经历在她以后的 FBI 生涯中，可以说，是一次很好的启示。其实，凯瑟琳在此次案件中审讯犯罪嫌疑人时故意采用了较轻松的话题，目的是让犯罪嫌疑人紧绷的神经得以松懈下来，而当对方轻轻活动了一下衣领后，凯瑟琳知道她的目的实现了。于是，她继续采用较轻松的话题，以使犯罪嫌疑人更进一步地放松下来，从而引导其在不知不觉中吐露了真言。心理学研究发现，当一个人处于压抑、威胁、紧张的状态时，他的意识就会处于一种警惕的状态，会时时提防着对方。所以，在这个案件中，当凯瑟琳换了一个角度对墨尔本进行审讯后，墨尔本便在放松的状态下失去了警惕的心理，然后出现了抻衣领的肢体语言。凯瑟琳发现了他

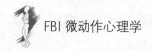

的这一细微动作后，知道自己离成功破案这一目标不远了，于是引导墨尔本讲出了与本案相关的情况，从而成功破获了案件。

从肢体语言的不同变化去剖析一个人内心世界的波动，对于 FBI 来说是一门必修课。FBI 心理专家认为，在人与人的交往中，对方的肢体语言，哪怕仅仅是一个细微的变化，其实都说明在对方的内心世界里发生了某种情绪上的变化。及时发现并把握住对方这种情绪转换中的临界点，往往是 FBI 探员在办案过程中能在很短的时间内取得最大突破的关键。而如何捕捉到一个人肢体语言的变化，并及时准确地了解到对方情绪上的变化，不仅仅适用于 FBI，对于在职场或是商界求生存的人而言，同样有着至关重要的意义。

4

下意识的小动作透露的信息

美国社会心理学家、人格理论家亚伯拉罕·哈罗德·马斯洛曾经说过："一个人的举手投足都能够准确地反映出这个人的性格特征和心理状态，尤其是下意识的举动。"FBI 心理专家和身体语言专家经过多年的研究和实践也证明了这一论断，那就是想要了解一个人的性格和心理特征，可以通过观察一个人的一举一动得到答案，尤其是一些下意识的小动作。

对此，FBI 的心理专家还列举出了一些能够明显地透露出个人性情的下意识的小动作，并对之做出了一定的解释。

（一）说话时一边说一边打手势

这种类型的人在与人交谈时，只要他们一开口说话，一定会伴有一些手部动作，比如摊开双手掌心、左右摇动手臂、两手相互拍打掌心等。这些手势主要是对他们自己说话的内容的解释或者强调，以加深对方的理解和印象，进而促进对方认同和肯定自己的观点。这类人往往性格外向，性情开朗，善于各种社交活动与人际关系的处理，并且自信心非常强；他们做事果断，有始有终，不轻易妥协和半途而废；这类人喜欢追求权力，或者说喜欢权力带给他们的那种受人尊敬和崇拜的感觉。因此，这类人在任

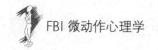

何时候、任何场所都喜欢将自己塑造成一个领导型人物的形象。如果是女性，她们还具有男子汉的气概，性格大都很外向，不会轻易与人斤斤计较。

FBI 心理学家道格拉斯指出，这类人身上有一个极大的优点，那就是口才极佳。如果这类人去演讲，或者做节目主持人，又或者被派去调节人事纠纷，他们一定会完成得很好。FBI 中有一名资深探员就属于这种类型，他叫布朗·凯萨尔。凯萨尔跟任何人说话时都喜欢一边说一边打手势，唯恐别人不明白他的意思。凯萨尔的同事们很喜欢听他讲话，因为在他们看来，凯萨尔这样讲话相当有趣，以致 FBI 只要一有演讲报告或任命公文等，必定会让凯萨尔去宣读。不仅如此，凯萨尔在 FBI 任职时，还做了一件轰动极大的事情。当时，凯萨尔和同事们正在追捕一名穷凶极恶的逃犯，这名逃犯为了摆脱 FBI 探员的抓捕挟持了一位女孩儿做人质，致使双方陷入了僵持的境地。结果出人意料的是，凯萨尔竟然用他那"三寸不烂"之舌配合着丰富的手势，吸引住了那名逃犯的注意力，使得其他的探员瞅准了机会，击倒了逃犯，顺利救下了人质。

（二）一边说话一边笑的人

当人们和这种人交谈时，可能会觉得非常愉悦和轻松，还有可能被他们同化，因为这种愉悦性质的感染力是相当强的。这类人的"笑神经"似乎特别发达，不管对方或他们自己讲出的话是否好笑，值不值得笑，他们在说话时总是带着一抹笑意。美国心理学家班杜拉指出，这类人大都性格开朗，对生活没有太高的要求，因而，他们信奉"知足常乐"的生活方式。这类人在生活中人缘极好，不管走到什么地方，总能跟很多人成为朋友。

但是，FBI 资深心理专家罗伯特·K·雷勒斯指出，虽然一边说话一边笑的人在生活中很受欢迎，但这类人在警察面前却一点也不受欢迎，因为通常这类犯人都是犯罪智商极高的罪犯。在接受审讯的过程中，他们在警察面前一边说话一边笑，令办案警察对其束手无策。因为这种姿态既没有抗拒情绪，也没有侮辱警察的意思，却往往会令办案一方陷入一种被动的情形，不知道应该从哪里下手寻找突破口。此外，对于这类疑犯，办案警察通常很难准确猜测出他们的内心到底是怎么想的，他们的举动很容易达到掩饰真实内心的目的。因而在这种情况下，办案警察一般会要求疑犯表情严肃起来，否则调查将会进行得很困难。

（三）走路时一边走一边捏鼻子的人

这类人大都属于自卑型，他们一边走一边捏鼻子，主要是因为害怕别人识破他们自卑的内心。这类人的性格大都有着古怪的一面——如果你说他无能，他极有可能做出一件大事给你看看；如果你说他很有能力，他则极有可能会做出令你相当失望的事情；当大家对某件事都持赞成意见时，他却捏了捏鼻子，然后说出与大家完全相反的意见；当众人都说这件事情不能去做的时候，他却表现出偏要一试的样子。显然，这类人是不合群的，这类人的人际关系也自然不好。

美国著名的身体语言专家帕蒂·伍德特别指出，走路时一边走一边捏鼻子的人极有可能正在想着做某件不好的事情，比如犯罪。如果仔细观察这些人，便会发现，他们在一边走一边捏鼻子的同时，眼睛还是左顾右盼的，即一副贼眉鼠眼的样子。因此，在路上遇到这类人时一定要格外注意，说不准你就成了他即时瞄上的"作案"对象。

美国心理学家桑代克认为，人们所有下意识的行为都是因环境而定的。所以，通过下意识的行为判断一个人的想法或者意图时，还需要借助当时的环境因素。桑代克还指出了另外一种情况，即一个人在思考问题或者需要做出重大决策的时候，也会一边走路一边捏鼻子。但这种下意识的行为和帕蒂·伍德所指出的那种不怀好意的行为是有区别的。当一个人因思考问题一边走路一边捏鼻子时，通常走的步伐都较快，而捏鼻子的手法也较重。相反，在不怀好意的情况下一边走路一边捏鼻子的人，走的步伐则较慢一些，且捏鼻子的手法也较轻，因为他们走得慢是为了寻找目标，而用手轻轻捏鼻子只是为了掩饰自己的行为。

（四）总是拍打头部的人

拍打头部这个动作多数时候是出于表示懊悔、自我谴责的心理因素，比如把交待的事情遗忘了，或者没有把别人交待自己的事情做好，又或者把某个重要的会议耽搁了，等等。因此，当你问下属某个事情是否完成时，如果他猛地拍打了一下自己的脑袋，这表明你已经无需再问下去了，他肯定是忘了或者没有完成好。从这一点来看，有些人便认为这类人做事不认真，没有责任心。其实不然，这类人只是有时做事马虎而已，只要有人提醒他们延误做事可能会带来的严重后果，他们一定会把事情很好地完成。

FBI 身体语言专家纳瓦罗认为，这类人虽然做事比较马虎，但他们一般都是心直口快的人，且为人真诚、坦率，富有同情心。他们一般没有什么坏心眼，也没有什么城府，而从这一点上来看，他们是值得交心的朋友。此外，他们也很乐意与人交往，且很懂得为他人着想。

5

从脚尖动作变化中读出的逃离之意

在肢体行为语言的研究中，德国心理学家保罗·巴尔特斯认为，人们往往会注重对肢体行为的观察，而忽略了对肢体末梢的注意，但一个人肢体末梢的变化更能准确地透露出一个人的心理。比如，当一个人从背后和他人打招呼时，如果对方并没有转动脚的方向，只是略微转了一下身回应了一下，说明这个人并没有停下来准备继续交谈的意思。也就是说，当一个人的内心打算接纳对方时，他一定会作出与其心意相对的肢体行为。而在这方面，脚部的变化是最为突出和明显的。

做过多年 FBI 高级探员后，又做了数年联邦调查局局长的克拉伦斯·M·凯利，对于人体脚部的变化观察最为情有独钟。克拉伦斯·M·凯利认为，无论是联邦 FBI 在面对犯罪嫌疑人的审讯中，还是在一般性社会活动中，一个人脚部所做出的动作往往更能准确地反映出他的心理意图。例如，两个人正在聊天，聊得好像还很投缘，但假若一个人突然或是逐渐地将他的双脚从面对对方的这一侧移开了，就说明这个人对谈话内容发生了某种心理上的变化，或是不想再继续听下去了，或者是对方在谈话中无意说错了什么引起了他的不满。如果仔细观察就会发现，这时想离开那个人的一只脚会向一侧略微移动一下，而其脚尖也会指向他所要离开的方向。FBI 心理专家费希纳认为，这就是一种明显的心理变化，而做出这种脚部动作的人说明在其心理上产生了逃跑的意图。可以说，了解了这些心理上的微妙变化，在职场或是生意、社交场合中，往往能够避免一些尴尬局面的出现。

FBI 心理专家费希纳认为，还有一种脚部行为值得注意，那就是当一只脚出现了背离重心的现象，这时候表明，这个人的心情是处于兴奋或是感到舒适的状态中。

这种现象在生活或工作中可以说比比皆是。例如，一个人站在那里打电话时，如果他听到的是让他感到开心和高兴的事情，他就会将一只脚的脚跟着地而脚尖向上翘。也就是说，这种翘起脚尖的行为就是一种心情愉悦的表达。

还有一种不同意义的背离重心的表现，对于 FBI 来说有着非凡的意义，那就是起步逃跑行为的准备动作。这种行为如果发生在站立时，其表现可能会明显一些。因为当一个人在预备起跑的时候，通常都要跷起站在后面的那只脚的脚跟，脚尖点地，将重心全部转移到站在前面的那只脚上，同时与这些相伴而生的还有上身的略微前倾。

在与人交往中，一旦发现对方做出了这种预备逃跑的姿势时，就说明他另外有事情要去办或是对对方的谈话失去了兴致，正打算寻找机会逃离当时的所处之地。

这种准备逃跑的行为发生时，如果这个人是坐着的，一般就会显得不够明显。FBI 心理专家费希纳表示，一个人如果坐着发生这种行为，往往会伴有一些其他的干扰性动作的派生，比如双手几乎同时会放到两个膝盖上或是大腿上，再比如对话的双方之间隔着一张办公桌，这样就会造成一种视觉忽略。这种情况多数发生在求职现场，比如招聘人员在听完求职者的陈述后并没有直接表示出行或者不行时，求职者为了更多地让招聘人员对自己的情况有更详细的了解，依然在那里喋喋不休地讲述着。此时，招聘人员往往会做出这种行为，而如果求职者还未观察到这种情况，招聘人员可能就会站起来。其实，这种情况也通常会发生在办公室。总之，如果人们能够通过细心观察，及时通过对方脚尖出现的这种背离重心的准备逃跑行为，掌握到对方在这一刻发生的心理突变，就可以避免很多误会和不愉快的事情发生。

在FBI面对犯罪嫌疑人时，这种情况往往会演变得更为复杂些。2008年，在艾奥瓦州的一个小镇发生了一起离奇的纵火案。案件发生在小镇一条偏僻的街上，汽车的主人离开自己的车只是想回到家快点吃饭，然后及时回到田里去干活，所以就忘了熄火。

可是在他刚回到家不到两分钟后，外面就传来巨大的爆炸声——他停在外面的汽车爆炸了。造成的后果并不严重，仅仅是那辆半旧的汽车毁了，并没有造成人员的伤害或是对周围设施的破坏，但车主偏偏是个十分较真的人，他还是报了案。

警方接到报警电话后，立刻赶到了现场。经过一翻勘查后基本明了了这是一起性质恶劣的纵火案，但没找到目击证人。这起案件在发生了两个月后，警方依然毫无头绪，车主却总是三天两头跑到警察局来催问结果。无奈之下，警察局请来了FBI帮忙，FBI派出了探员霍普金斯协助调查此案。经过一番调查，霍普金斯了解到一件事：车主有一个习惯，每次回到家总是喜欢不熄火就把车停在外面，也不管是白天还是晚上，而这势必会影响到住在附近邻居的生活。于是霍普金斯围绕着这一点又展开了调查，很快就发现住在车主对面的那户叫做卡扎尔的男人有重大作案嫌疑。在对他询问时，卡扎尔说出事时他正在家中吃饭，但没有人能够证明这一点。另外，在调查中得知，卡扎尔以前跟车主的关系一直很好，但近一年多以来却不怎么来往了。

由于没有证据和现场目击者，霍普金斯只好加大了对卡扎尔的询问和进一步的调查。卡扎尔有一个毛病，每次被询问都会变得十分紧张，双手和双腿总是不停地微微抖动，而且经常会出现答非所问的情况。为此，霍普金斯认为一定是卡扎尔做贼心虚。

但随后霍普金斯就得到了消息，卡扎尔的确有这个毛病，只要心里一紧张或是激动就会出现这种情况。

一时间霍普金斯也有些困惑了，虽然从卡扎尔的行为表现来看和得到的消息中矛头都似乎指向了卡扎尔，而卡扎尔在被询问时所表现出来的种种行为也真实地表现出了他紧张不安的心理，可就是无法从他身上找到突破口。

令霍普金斯高兴的是，在一次询问中他终于发现了一点卡扎尔身上的不同，即每当一提到车主的名字时卡扎尔就会抖动得十分厉害，并且两只手会不自觉地紧紧握住膝盖，同时一只脚还下意识地挪到了后面，脚尖点地跷起了后脚跟。

显然，这正是一种标准的准备逃离的表现。为了让自己的推断进一步得到佐证，霍普金斯反复观看了审讯时的录像，结果发现这种动作几乎在每次询问中都出现过。霍普金斯恍然大悟，然后在询问中开始不停地跟卡扎尔讲述关于车主为人处世的一些事，开始时卡扎尔只是不停地抖动，但不久后他终于无法控制自己，扑通一声瘫软在地，随后将事情的经过如实交待了出来——他正是因为车主停车时产生的噪音而引发了烦躁，那一天因为他刚刚和老婆吵了一架，听到发动机的声音后一时气愤就将汽车点燃炸毁了。

FBI 心理专家费希纳说："每个人都会有烦躁不安的时候，但是作为 FBI，一定要注意，不要因为疏于一次对脚尖的观察而让罪犯逃脱法律的制裁。"

第三章 言谈举止：

FBI 告诉你言谈举止背后的真实信息

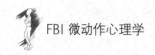

1
从说话方式看一个人的性格

人与人的性格千差万别。在我们第一次与人见面时，想要迅速读懂他人，首先要先对他的性格特征有所了解，这样才能根据其性格特征掌握他对待问题大概会采取的态度。

初次会面想要了解对方的性格特征，可以从其说话的方式来大体做出判断。

一般情况下，每个人的说话方式都能揭示出他的一些性格特征。FBI人类行为研究表明，一个人的说话方式能够透露出其个性特征。他们认为一个人的性格特征是可以从说话的语态中体现出来的，因此，从对方的口中了解其个性是比较有效的方法。

每个人的谈话方式都会与他人有差异，有的人话语啰嗦，很难说到点子上；有的人则言简意赅，妙语连珠……那么，当我们与某人第一次见面时，如何从一个人说话的语态中判断其性格特征呢？根据不同的说话态度，可以大致分为以下类别。

（一）善于使用礼貌用语的人

在初次与人见面时，如果对方使用的是礼貌性用语，那就表明这个人具有比较高的学识和文化修养。这样的人大都心胸开阔，具有包容力，会给予他人足够的尊重和体谅。

（二）善于恭维他人的人

这类人观察力比较强，能够很快识别他人的心情，并投其所好，属于圆滑世故之人。因此，这类人性格弹性比较大，适应力和应变力都非常强，与不同性格的人都能保持良好的关系。

（三）用语简洁之人

这类人属于豪爽型。他们开朗大方，处事干练，一诺千金，拿得起放得下，具有开拓精神，充满着人格魅力。

（四）讲话时拖泥带水的人

这种人通常内心软弱，缺乏责任心，而且心胸不够开阔，经常会为了一点小事纠结。他们尽管对现状并不满足，但缺乏开拓精神，不愿意做出改变，这类人还很容易嫉妒他人。

（五）喜欢发牢骚的人

这类人属于好逸恶劳之人。他们贪图享受，却不愿意自己动手，只想享受别人的劳动果实。面对困难和挫折时总是选择退缩。他们对别人要求严格，却不能管束自己，自私自利，很少去别人着想，总希望能从别人那里得到更多。

（六）习惯使用方言讲话的人

这类人自信心比较强，具有魄力和胆量，能够努力做事，也容易成功。他们重感情，但不容易适应和接受新事物。

（七）说话语速缓慢的人

这类人大都性格比较内向，但比较善良。说话时注重别人的感受，不

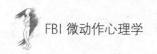

希望自己的话语伤害到他人，所以总是以一种缓慢的语速来试探别人对他的反应。这样的人依赖性比较强，能真心实意对待朋友。

（八）说话声音洪亮的人

这类人一般比较开朗、豁达。他们心胸开阔，不喜欢与人斤斤计较，是很容易相处的一类人。

（九）说话时喜欢小声嘀咕的人

这类人最大的特点是爱议论别人，属于当面不说背后乱说的性格。这样的人不容易相处，也很难得到朋友的信任。

（十）说话尖酸刻薄之人

这种人在说话时总是喜欢用言语刺激他人，以伤害别人自尊为乐事。此类人很难与大多数人相处融洽，朋友自然寥寥无几。

（十一）在说话时喜欢引经据典的人

有些人喜欢在说话时引经据典，张口便是名言警句、中外典故。此类人通常比较博学，也充满自信，能够吸引到他人的关注。这种人大都有较强的表现欲，对权威主义比较崇尚，而且具有孤芳自赏的个性。另外，还有一种人，喜欢套用长辈的话，开头语往往是"我父亲说""我母亲说"等。此类人往往比较谦虚好学，对别人的意见容易采纳，但也透露出依赖性强、缺乏独立主见的个性。

（十二）说话时时不时地在话语中穿插进一些英语单词或句子的人

这类人大都性格开朗大方，并非常希望得到他人的肯定。但这种说话方式，也表明其内心的不自信和紧张。

（十三）喜欢说"我怎么样"的人及喜欢说"大家""我们"的人

有些人在说话时习惯说"我怎么样"，这类人属于性格强势之人，他们总希望自己来控制局面，成为其中的焦点。而喜欢说"大家""我们"的人，则在为人处世方面更加周全一些，这类人大多时候能照顾他人的想法，是一个以大局为重的人。

（十四）喜欢噘着嘴说话的人

有些人在说话时总是噘着嘴，这样的人通常具有愚痴的个性。他们愤世嫉俗，喜爱唠叨。而且大都比较自私，不能替他人着想，缺乏反省之心。

（十五）说话时，语气像发怒的人

有些人在说话时，语气显得很冲，就像发怒一般。这样的人大多性格内向、心地狭小，总会给人感觉到他有些别扭的情绪。

其实，这类人一般都比较正直，但自卑感比较强，缺乏社交性，看起来比较笨拙。

（十六）讲话抖动的人

讲话抖动的人大都有着急躁的个性。这类人通常比较焦虑不安，有浪费的习性，但又不善于赚钱。

（十七）喜欢摸着下巴说话的人

有些人在说话时，总是习惯用手去摸自己的下巴。这类人通常过于自信，而且比较傲慢，喜欢轻视别人，具有阴险恶毒的性格。

（十八）讲话木讷之人

此类人不善于讲话，但往往能赢得别人的信赖，因为他的话语能让人感觉到诚实。

（十九）在说话时不看对方的人

生活中我们常常会遇到这样一种人，你跟他说话时他的眼睛从不敢与你对视，此类人要么是因为害羞不敢看人，要么就是他所讲的话不是真话，

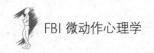

所以不敢正视对方。

（二十）喜欢打断别人讲话的人

这类人的个性一般比较易怒，反应快，所以常常在他人讲话时插嘴。这类人大都比较自私、轻率，不懂得体贴他人。

如果我们在初次与人见面时，通过对其讲话时的语气和状态进行观察、分析，大体是可以判断出对方的性格特征的。

2

从言辞中判断话语的真实性

在日常生活中，语言交流是人们的一种本能行为，也是人与人之间相互了解的一种方式，是人与人之间连接的纽带。但是，如今人们为了更好地保护自己，不得不说一些言不由衷的谎言。因此，在社会交往中，如果人们无法辨别他人话语里的真假，就无法了解其内心真实的想法。

而作为一名 FBI 探员，在与罪犯或嫌疑人交谈的过程中，想要从其言辞中找到破绽更不是一件容易的事情，因为嫌疑人会找出各种办法掩盖自己的罪行。所以，FBI 探员想要从对方的话语中判断出他有没有说谎，不仅仅需要专业的辨别知识，还需要行为心理学家教官的细心指导，同时，更需要 FBI 探员有敏锐的洞察力。

FBI 探员在办案过程中，经常要面对各种类型的犯罪嫌疑人，因此在审讯中，也会经常遇到各式各样的说谎方式。首先，他们会从嫌疑人的措辞里分析对方试图掩饰的真实信息是什么？

有一次，FBI 抓获了一名盗窃分子，进而对其进行了审讯工作。FBI 探员问："请问你的名字叫什么？"

这位盗窃犯面不改色地回答："安里·卓杰。"

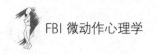
FBI 探员问："能说一下你家的详细住址吗？"

安里·卓杰回答："纽约州布鲁克林区，第 × 街区 ×× 小区 12 栋 208 室。"

FBI 探员继续问："在圣诞节前夜的晚上 10 点 10 分时，你在哪里？"

安里·卓杰做出一副吃惊的样子，回答："天啊，10 点？我当然是在家了，我只知道那天我哪里都没有去。"

FBI 探员语气严厉地问："请你再仔细想一下，那天你到底去了哪里？"

安里·卓杰似乎感觉事情不妙，再次加重了语气说："哦，我什么都不知道，我哪里也没有去！"

FBI 探员突然沉默了，他看着安里·卓杰，停止了追问，而安里·卓杰也开始平静了下来，但是在探员的直视下，他有些受不了这种平静的气氛了。终于，他有些暴躁地抬高音量说："该说的我都已经说了，那天我哪里都没有去。请你们尽快放我回家，再说，我怎么可能去做违法的事情呢，请你们查明事情再来审问我。在没有有力的证据之前，我不会再发表任何言论。如果你们采取强硬手段的话，我会让我的律师控告你们侵犯个人权益。"

事实上，经过调查，FBI 已经掌握了一部分线索，证明安里·卓杰就是一个盗窃分子。虽然安里·卓杰在接受审讯的过程中百般推脱，但是他企图用愤怒的语气掩饰自己的紧张，以及为了开脱而编造的谎言，都让镇定的 FBI 探员发现了蛛丝马迹。对 FBI 探员来讲，在与嫌疑人交谈的过程中，他们所使用的措辞，都是探员们分析的对象。FBI 探员会尽可能地对嫌疑人所说的话进行分析，因为这能够让他们对谎言以及话语中的意思更加敏感。FBI 探员只要经过仔细地分析和观察，总能从犯罪嫌疑人的供词中找到对方语言上的漏洞，而这些言辞上的漏洞，正是 FBI 探员破案的关键。

无论是犯罪嫌疑人，还是其他人都会用谎言掩饰某些秘密。然而，人们又总会在言辞中不经意地泄漏自己的秘密。可以说，即使谎言再完美，也有其破绽之处，即世界上不存在无懈可击的谎言。只要你懂得观察，留意对方的语气变化，就能从对方的言辞特点中找到一丝破绽。比如，声音忽高忽低，说话前后矛盾，语言思维逻辑混乱等，都是人们说谎时常见的语言特殊现象。FBI 认为，在与犯罪嫌疑人交谈的过程中，一个不经意间的言辞变化或谈话内容都可能隐藏着一个谎言，而识破谎言的办法就是从语言出发，牢牢地抓住对方言辞的特点或语言上的漏洞。通常，这样的方法会达到意想不到的效果。

托尼和洛夫是一对好友，两人经常一起出去打猎。在一次打猎的过程中，发生了意外——托尼被洛夫用猎枪打死了。杀人之后，洛夫立刻去警察局自首，他一脸悲痛地向警察说起事情的经过："我和托尼是很好的朋友，两人经常一起打猎，没想到竟然会发生这样的意外。都是我的错，我是个杀人犯，我开枪杀了我最好的朋友我愿意接受法律的制裁。"

几名探员听了洛夫的叙述之后，再根据案发的经过进行了分析，认为这起案件只是一次意外事故，这名失手杀死好友的男子并没有罪。然而，资深的探长罗曼却不那么认为，他觉得洛夫杀死了自己的朋友。理由是，洛夫虽然脸上看起来非常伤心，但是在回答探员的提问时言辞语气却非常平静，声调也没有太大的起伏。因此，罗曼探长说："发生这样的事情确实很让人伤心，但我们还是需要了解事情的经过，所以请你再清楚地说一遍这件事情发生的经过。"

洛夫说："原本，周末那天我并不准备出去打猎的。但我刚起床，托

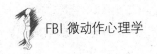

尼就已经站在楼下喊我了。我出去一看，发现他在林子的空地上，而在他的不远处刚好有一只熊正走过来。"洛夫在叙述的过程中，迅速看了罗曼探长一眼，发现他并无特别的反应，于是就继续说："当时，我为了保护朋友，于是赶紧拿起猎枪向熊射去。但是因为我刚起床的缘故，再加上太过紧张，没有打中猎物，却发生了让我伤心的一幕……"

这时，罗曼探长重重地呼出一口气，对洛夫说："你根本不用伤心，因为你已经达到了自己的目的——谋杀了你的朋友托尼。"

洛夫愣了一下，然后激动地大声辩解道："警官，虽然我确实杀害了托尼，但这是意外。"

罗曼探长摇摇头，说："不。这不是意外，这是一场有预谋的杀人。按照你刚刚所叙述的，如果你是从上面向空地方也就是你朋友的方向射击，那么子弹应该是斜着进入托尼的身体。然而，法医的验尸报告却告诉我们托尼是被一颗直线进入的子弹击中了心脏而死。"面对罗曼的分析，洛夫最终供认了自己谋害好友托尼的事实。

在审讯的过程中，罗曼警探细心地询问事情的细节，而洛夫很显然有所隐瞒，因为他在回答问话时无法说出事情的具体经过，而是简单地进行了叙述，并且罗曼探长从他的言辞语气中发现了端倪。对此，FBI 指出，人们在说谎时，最显著的特征除了含糊其辞外，就是无法说出真实、具体的经过。有时候一个同样的问题，问一个喜欢说谎的人，会得到几种不同的答案。当你再深入询问时，他们的情绪波动往往会非常大。此外，当罪犯或嫌疑人面对 FBI 警探的询问时，一开始他们会假装配合，脸上布满疑云说："我什么都不知道。"而询问持续久了之后，他们就会开始无理取闹，说："在我的律师没有来之前我是不会说任何话的。"在这个过程中，犯罪嫌疑人的语气以及音量也会跟着提高，甚至会大吵大闹，而这些语言特点都是他们掩饰谎言的信号。

FBI 探员在对嫌疑人进行审讯的过程中，除了注意对方言辞的特点之外，还会注意他们性格的变化。FBI 指出，性格内向的罪犯通常在面对审讯时，会表现得比较平静、沉默寡言，如果他突然变得健谈起来，这就说明他想要掩饰什么；而性格外向的罪犯，如果在审讯过程中突然间陷入沉默，声音降低，那么说明他对这个问题比较敏感，不愿意回答。总之，在遇到这些改变的情况时，人们都应该提高警惕性。由此可见，人的言辞语气上的破绽也是揭破谎言的一个突破口。只要认真观察，就能从对方的话语中"看出"一些端倪，再结合实际情况进行分析，比如对方说话时的音量、语气、情绪、动作等，你就可以清楚地了解到对方有没有对你说谎。

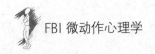

3

说话时结巴可能在撒谎

在现实生活中，人们偶尔会遇到说话结结巴巴、吞吞吐吐的人。当遇到这种人时，人们就要格外小心了，因为对方结结巴巴、吞吞吐吐的这种表现往往意味着对方可能由于隐瞒了你一些信息，其正处于紧张不安的心理状态之中。对此，美国著名心理学家表示，当人们在说谎时由于怕被别人拆穿谎言，所以在生理上会心跳加快、内心紧张，而这就很容易使人出现说话时吞吞吐吐、结结巴巴的情况。

FBI 高级探员弗洛伊德·I·克拉克表示，在审问过程中，一些犯罪嫌疑人在编造谎言或隐瞒事实真相时总会露出一些破绽，比如，说话结结巴巴、眼神闪躲、不断地强调等，这些破绽很难逃过联邦探员的法眼。一旦联邦探员捕捉到这些破绽后就会发起强大的攻势，对犯罪嫌疑人步步紧逼，这样一来，犯罪嫌疑人就会难以招架，最终道出事情的真相。弗洛伊德·I·克拉克就曾经遇到过这样一个案件：

20 世纪 90 年代，美国北卡罗莱纳州出现了一小股黑恶势力。该黑恶势力不仅贩卖军火，还暗地里进行毒品交易。联邦调查局了解到这种情况后，决定对这股黑恶势力给予严厉的一击，为此他们派出了具有丰富工作经验的弗洛伊德·I·克拉克来铲除这股势力。弗洛伊德·I·克拉克接到任务后和组员经过认真地分析，认定此案的关键人物是一位名叫理查德·杰克森的男子。于是，他决定先拿这名关键人物开刀，然后逐渐瓦解这股势力。

在接下来的时间里，弗洛伊德·I·克拉克开始对理查德·杰克森进行了跟踪，期间意外地发现这名犯罪嫌疑人十分狡猾——他有着多重的身份，一会儿扮演一个名叫"路易斯·杰克"的医生，一会儿又扮演一个名叫"彼得·科比森"的教授。

了解到这一情况后，弗洛伊德·I·克拉克开始审讯这名核心人物："姓名和职业？"

"路易斯·杰克，是……是一名医生。"这位核心人物说话有一些结巴。

弗洛伊德·I·克拉克没有揭穿他，而是继续审问："知道为什么审讯你吗？"

"不……不知道。"这位核心人物依然装傻，完全没有意识到自己结结巴巴的话语已经将自己的谎言暴露无遗了。

弗洛伊德·I·克拉克不动声色地说道："因为你涉嫌参与黑社会犯罪。"

这时，这名核心人物露出一些紧张的神色，但仍然不死心地狡辩道："我……没有，我可是清白的。"

看到这名核心人物露出紧张的神色后，弗洛伊德·I·克拉克厉声说道："你从头到尾都在撒谎，其实你结结巴巴的言语已经将你暴露了，理查德·杰克森。"

听到弗洛伊德·I·克拉克的话语后，这名核心人物明显变得慌张了，尤其是当弗洛伊德·I·克拉克叫出他的真实名字后，理查德·杰克森的脸

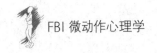

色一下子变白了。

弗洛伊德·I·克拉克看到这种情况后，又说了一句话："理查德·杰克森，家住北卡罗莱纳州的莫里斯威尔小镇上，1986 年杀害了一名年轻的少女，之后加入了一股黑恶势力，如今成为了这股黑恶势力的关键人物。"无疑这句话成为了压倒理查德·杰克森心理的最后一根稻草。

当弗洛伊德·I·克拉克说完这句话后，理查德·杰克森完全惊呆了，他的心理防线也完全被弗洛伊德·I·克拉克打垮了。之后，他便向 FBI 一一供述了自己的罪行，并将他所知的黑恶势力的其他人物也供了出来。就这样，不到 3 个月的时间，弗洛伊德·I·克拉克就协同其组员将这股黑恶势力铲除了。

在这个案例中，犯罪嫌疑人的结结巴巴的话语完全暴露了其说谎的事实，但弗洛伊德·I·克拉克探员并没有打草惊蛇，而是不动神色地继续审问，在关键时刻将犯罪嫌疑人的谎言一一揭穿，最终使得犯罪嫌疑人主动交代了罪行，并成功地将那股黑恶势力一举击溃，为保障人民的安宁做出了不小的贡献。

其实，在现实生活中类似的案例数不胜数。有些人在回答别人的问题时结结巴巴、吞吞吐吐，殊不知，这种吞吞吐吐的行为恰巧暴露了其说谎的信息。

美国心理学家大卫·C·麦克兰德表示，通常情况下，当人们在说谎时，心理会变得紧张、不安起来。而人们越是想掩饰自己的不安情绪，说话时就越会变得吞吞吐吐、结结巴巴。

比如，面试官在面试时通常会问到这样一个问题："你之前的月收入为多少？"有些面试者在听到这个问题时，可能会吞吞吐吐地回答说：

"我……以前的工作月薪为 8000 元。"当面试官听到面试者吞吞吐吐的回答后，再结合他以前的工作经历及工作性质（可能刚刚大学毕业一年，以前在一小公司做的是文职工作），那么就很容易得出这个人说谎的结论。结果可想而知，这个人很有可能会与这份工作无缘。

海伦是美国纽约长岛地区的一所名叫贝拉克·奥巴马的小学的老师。一天，一位名叫杰尼的学生走进海伦老师的办公室，并偷偷地对海伦老师打小报告："老师，昨天晚上放学后，我看到班里的希伯来·杰克逊同学去游戏厅了。"因为海伦老师一而再，再而三地严禁学生们走进这种场所，所以她听到这个消息后十分生气。

由于海伦老师不知道杰尼所说的消息是否真实，所以她决定把希伯来·杰克逊同学叫到办公室来，与其谈心。当希伯来·杰克逊来到海伦老师的办公室后，海伦老师心平气和地问他："希伯来·杰克逊同学，昨天晚上放学后你去哪里了？"

希伯来·杰克逊听到老师的问话后，一下子惊慌起来，他吞吞吐吐地说："老师，我……昨天晚上放学后哪里也没去，我……直接回家了。"

海伦老师看到希伯来·杰克逊的表现后，顿时明白了希伯来·杰克逊在说谎。

但是，她并没有生气，而是心平气和地对希伯来·杰克逊说道："希伯来·杰克逊同学，说谎可不是好孩子哦。我再给你一次机会，告诉老师，昨天晚上放学后你到底去哪里了？"

希伯来·杰克逊听到老师温柔的话语，终于鼓起勇气对老师说："老师，对不起，我撒谎了。昨天晚上放学后，我和表哥一起去了游戏厅。对不起，老师，我以后再也不会去了。"

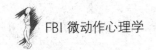

　　其实，海伦老师之所以知道希伯来·杰克逊同学是在说谎，主要是因为他在回答老师的问题时吞吞吐吐、结结巴巴。但海伦老师得知其说谎后没有勃然大怒，而是打消希伯来·杰克逊同学内心的恐惧，引导他说出了事情的真相。

　　当然，如何引导小朋友说出事情的真相并不是本文讨论的重点，但我们可以从中看出，这种结结巴巴、吞吞吐吐的行为背后隐藏了一种信息——这个人正在说谎。

4

说话习惯也是一个人性格表露

　　FBI 指出，人们在长期的人际交往中会逐渐形成一些属于自己的说话方式或习惯，这些说话习惯与他们的性格有着紧密的关系。从某种意义上来讲，人们的性格影响了说话习惯的形成，而说话的习惯各有不同，它们反映的正是彼此个性的差异，即说话者的心理特征。FBI 认为，说话习惯的形成本身就十分复杂，难以改变，即使人们通过明显的修饰试图改变，也会在不经意间流露出来。因此，在人际交往中，人们可以从他人一些习惯性的语言中找到制胜的关键。

　　首先，语速是人们在说话时最容易形成特定习惯的。每个人的说话方式有所不同，而语速也不尽相同。FBI 指出，在一般情况下，如果没有外界的刺激，人们平常会采取自然的语速习惯。而从对方的语速快慢中，大致可以初步了解到一个人的性格：一般思维敏捷、跳跃性强的人，语速通常很快，而心思缜密、大智若愚的人则语速较慢。此外，说话声音的高低也是 FBI 探员分析对方性格的一条线索。每个人说话的声音都是不同的，一般有着开朗、豪爽、固执的性格的人说话的音量会很高，而比较懦弱或有阴险的性格特点的人则说话声音较低。除了说话音量之外，人说话时的

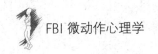

音调或节奏也是值得特别注意的线索。有的人在交谈时抑扬顿挫，显得很有节奏感，这样的人一般感情丰富；有的人在交谈时则一直语调平平的没变化，如果不是受到了某种打击导致情绪不振的话，就是其本身性格比较理性。

这些最为常见的说话习惯，是人与人之间交谈的要素。FBI 认为，从以上这些方面观察嫌疑人的言辞习惯，能精确地分析出嫌疑人的性格特征。通常，FBI 探员喜欢使用比较精密的仪器，对嫌疑人的资料进行全面地收集和细致地整理。当然，除了这些方面的信息收集之外，还要对其说话习惯进行比较广泛地了解。比如，口头禅、打招呼等各种习惯性的方式，在一定程度上也能反应出说话者的性格以及心理状况。

在日常生活或工作中，称呼的使用习惯代表的是彼此之间的关系和心理距离。从双方交谈的称呼中，在一定程度上便可看出双方之间的亲疏关系。比如，有的人习惯称呼自己的同事为"××先生"或"××小姐"，这代表同事之间存有一定的心理距离，不足以掏心掏肺。

对于东方人而言，在人际交往中，双方称呼上的问题可以表明彼此之间的亲疏程度。而在美洲的一些国家，比如美国，在非正式的场合中，直呼其名是一种十分普遍的称呼方式。但爱人之间也这样称呼你的话，说明他们的关系并没有想象中的那么深刻。因为，爱人们通常会称呼彼此为"亲爱的"或称呼对方的昵称。在一些社交场合，面对陌生人的时候，人们通常会称呼对方为"××先生""××女士"，初次见面，在还没记住对方的名字时使用这种称呼方式是十分恰当的。但如果你和对方已认识了很久，还依然如此称呼对方的话，则是向对方表明"我们保持距离"的态度。因此，如果在人际交往中你认识了很久的朋友如此称呼你，就说明此人试图在心理上和你保持距离，希望双方互不干涉。

　　当然，在一些场合中也会遇到那些既不称呼对方为"先生"或"女士"，同时也不称呼对方的名字，而是以"这位"或"那位"等进行称呼的人，这些都是他们内向、不善拉近关系或和陌生人之间的称呼的表现。如果某人在讲到自己的家人时，不以"我的"为开头，比如"我的先生"或"我的妻子"等，而是用"孩子的父亲""孩子的母亲"等称呼开头，则是以家庭为重、把家庭放在第一的心理。总是以"我的"词语为称呼开头的人，从表面上来看是亲密关系的表现，但实际上这种亲密更多的是源于强烈的占有欲和支配欲。由此可见，人与人在交谈的过程中，称呼，在某种程度上来讲可以显示出人们的心理距离，因此，高明的交际者往往会采取改变称呼的方法来拓展人脉关系。比如，当他们想亲近一个人时，就会不经意地改变自己对对方的称呼，如此一来，就增加了彼此之间的亲近感，相互之间的心理距离自然会逐步缩小。

　　综上所述，FBI 认为称呼也是一种语言上的说话习惯，在一定程度上可以反映出人与人之间的关系。在 FBI 探员办理的一些案件中，当探员们要求对方供出犯罪者的合伙人时，这些人通常不会表现得和合伙人太过亲密，但是 FBI 探员总会适时地制造机会让其发言，然后从称呼上看出犯罪者们的关系深度，进而找到制胜的关键。此外，FBI 还尤为关注嫌疑人们的口头禅，因为不同的口头禅代表的是人的不同个性。FBI 通过研究发现，习惯用语里面也藏有人的心理秘密。比如，有的人总是习惯说"这是真的""老实说""不骗你"之类的话，这表明他们善于说谎，而事实也会告诉别人他们所说的与真实状况相差甚远。虽然他们所说的话语在刻意地表明自己的行为是诚实可信的，但他们的目的只是想你重视他们所说的话。

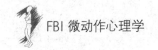

在现实生活中，如果有这样一个人想让他人认可自己的观点，便会说"必须""一定"等强调性强的词语，则说明这种人通常比较冷静、自信；与之相反的是，那些常说"好像""大概""或许吧"等模糊性话语的人，往往防范意识比较强烈，他们总是通过一些模棱两可的话来掩饰自己的真实想法，不想让别人看透自己的内心世界。这类人在做事时会比较到位，但是在人际交往中因为与他人的距离拉得过远，所以人际关系并不乐观。在日常工作中，有些人在表达自己意见的时候通常会说"听说""据说"等套用"第三者"来完成自己的表述，这表明一方面他不希望有人对自己的建议产生置疑，另一方面则是不想被自己的说话内容所连累，这实际上是一种不想承担发言责任的说话方式。

那些处事圆滑、老练的人，比较喜欢运用这些"推卸责任"的说话方式，这种做法很明显是为了给自己留条后路，但这也是他们缺乏果断决策力的体现。他们在说这些话的时候，内心也会出现矛盾与纠结的情绪，当所谓的"据说"没有达到预期的结果时，他们会说"我当时也对这个说法存有置疑"；而当达到预期的结果时，他们又会说"不错，我当时也是这样想的"。

在人际交往中，也经常见到那些把"我"挂在嘴边的人。FBI 认为，这种人往往以自我为中心，他们通常所围绕的话题多为自己，总是对别人说"我最近如何"之类的话语，不会认真地听别人表述自己的近况，同时也很少在乎他人的感受。此外，这种人还常常打断别人的谈话，且显得非常直接，使得人们不由地就对其产生了厌恶感。因为，这类人的内心表现欲比较强烈，总是希望自己成为他人眼中的焦点，所以在别人眼中会显得有些自大。

FBI 的研究结果表明，每个人的说话习惯和性格有着密切的关联。但事实上，人们在现实生活交流中，很少会对说话习惯和聊天方式进行分析，因此无法了解语言习惯背后所代表的心理特征和性格，当然也就无法掌握人际交往中制胜的关键。因此，FBI 才提醒人们，如果想要了解一些人的心理状态，打破双方之间的心理界限，掌握语言习惯背后的深意是一条不可忽视的捷径。

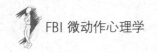

5

喋喋不休背后的欲盖弥彰

    无论在人们的生活、工作中，还是在警察询问犯罪嫌疑人的过程中，都会遇到一些喜欢侃侃而谈的人。与普通聊天不同的是，这些人所表现出来的往往不是那种看上去喜欢海阔天空地夸夸其谈，这类人在与人交谈时。会伴有某些辅助性的行为动作。很多人包括一些警察，往往会把这些人的举动看成是一种诚实的表现，尤其在面对一些关乎案情真相的关键证人或目击者时。相反，如果对方在讲述中表现出欲言又止时，则通常会被认为这个人在撒谎，无论是刚刚步入警界的新手还是一些老手，都会有这样一种潜意识的认识。但 FBI 高级探员克拉伦斯·M·凯利认为，这种直观的判断到最后常常会被证明是错误的。

    心理学家约翰·戈特利布·费希特认为，造成上述错误认识的原因是很多人都过于看重视觉神经所带给自己的信息反射了，而这也是很多人意识之中的一种对外部印象的惯常意识，因为这些人在相信自己眼睛和感观所看到的一切事物时，忽略了一个重要的信息：一个人因为说谎时的紧张而做出来的对这种心理不适的特殊反应形式。

    当一个人因说谎而内心感到不安、紧张、恐慌时，就会寻找一种情绪的释放方式，用以缓解内心的慌乱。在心理学上，这种行为被称之安慰行为。这种行为有时候并不一定会用摸鼻子、出汗、松松领带结或衣领等肢体行为去表现出来。心理学家约翰·戈特利布·费希特通过多年的实验和研究发现，还有一些安慰性的情绪释放行为是不容易被察觉到的，比如眨眼睛、间或性地咳嗽、偶尔大口地呼气等，但是只要观察者能够做到仔细观察，其实这些行为背后的信息是不难被捕捉到的。还有一种行为，如果不是有经验的亲身体验者，或是有过系统心理学研究的人，是很难被发现的，那就是通过喋喋不休讲话掩藏真实信息的行为。在他们身上，除了表现出喋喋不休，从其他行为与表情上很难看出他在说谎。这是因为他们所表现出来的喋喋不休与其他人有着很大的不同，有时语言上出现了卡壳，他们就会做出一副看上去好像是认真思考或回忆的样子，然后继续对自己所知的一切发表意见。FBI 探员亚历克·马丁表示，在面对此类犯罪嫌疑人或听取此类目击者的供述时，只要向他们问一个问题，他们就会围绕着这个问题给出很多个相关的答案，看上去好像生怕因自己的叙述不详而漏掉了什么。所以，这种能够为警员提供很多信息和细节的人，往往很容易博得信任。但 FBI 探员亚历克·马丁却认为，对于一名 FBI 探员来说，做出这样的判断是太过草率了。因为判断一个人讲话的内容是不是事实，决不能以他所提供的信息量的多少来衡量，而是在于他所提供的证据是不是充分。除非这个人能够提供出足够的证据来证明自己所讲的一切是真实的，否则他所讲的话只能被认为是他个人的一种讲述或意见与观点，尤其是当被问询的对象是这样一位女性时，就更要注意了。

2011 年 8 月，在阿肯色州的首府小石城发生了一起令人听起来有些不可思议的事情。在城区繁华的街道上接连出现了很多起盗窃案，但小偷盗

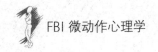

窃的东西说起来有些让人啼笑皆非，因为小偷偷的是一些餐馆积攒下来的"地沟油"。由于许多餐馆、酒店纷纷来报案，所以这件事引起了 FBI 的重视：难道有人在利用这些地沟油非法加工成食用油再返回人们的餐桌？为了尽快搞清事情的真相，FBI 派出了资深探员亚历克·马丁和一位刚刚加入 FBI 不足一个月的新探员亚历桑德罗。

在小石城，亚历克·马丁和亚历桑德罗听取了当地警察局的介绍后，对整个案情很快有了一个大概的认识，然后两个人就分别展开了细致的调查。在调查各个被盗的餐馆老板（向他们询问被盗情况）时，亚历克·马丁了解到，这个盗贼每次都只是盗取餐馆每日积攒下来的地沟油，其他的一概不偷。亚历克·马丁觉得这有些奇怪，经继续调查才得知，原来这都是由于汽油价格上涨的原因造成的。本来这种废弃的食用油是根本没人理会的，在早些年一直是令那些餐馆老板头痛的问题，甚至他们每天都会花钱雇人像垃圾一样将其处理掉。当时也有一些公司在搞这种对废弃的食用油进行加工提炼然后代替汽油再使用的尝试，但都因成本过高而放弃。然而随着原油价格的节节攀升以及这种提炼转化技术的纯熟，大大降低了转化成本，所以一时之间那些既有污染又臭不可闻的用过的食用油反倒走俏起来，而这些餐馆老板不但不再花钱雇人将其处理掉，还将其变废为宝，使其成为一笔额外的收入。

事情虽然在当时闹得沸沸扬扬，人们也只是谈谈而已，但亚历克·马丁却从这些老板的言谈中窥出了一丝端倪。为了锻炼一下新探员亚历桑德罗，亚历克·马丁让其围绕着以前那些被雇佣倒垃圾油的人入手去调查此事。几天后，亚历桑德罗果然查出了几个嫌疑目标，其中有一名叫塔伦蒂诺的女人嫌疑最大。这个女人的家庭状况却引起了亚历桑德罗的感触——

她两年前与丈夫离婚，自己带着三个孩子过日子，生活很困苦。而阿肯色州一向以贫困落后著称，虽然近年来吸引了不少外资，使经济上得到了一定发展，但按人口平均收入算仍然是全美国最低的一个州。

在询问中，亚历克·马丁一直坐在监控室内看着询问室里的一切，他发现，在询问那名叫塔伦蒂诺的女人时，这个女人很能讲。新探员亚历桑德罗问一句，她接着就会回答好几句。而当问到大概是什么人在偷这种油时，塔伦蒂诺一会儿说可能是那些倒垃圾的清洁工吧，一会儿又说可能是那些社会上的闲散人员吧，总之，她讲了很多很多的可能。几次询问过后，看亚历桑德罗一直没有什么进展，亚历克·马丁便让亚历桑德罗就这个女人的话去一一求证。几天后就有了结果，塔伦蒂诺所说的事竟然没有一件是真的。亚历桑德罗恍然大悟，然后换了一种询问方式，很快塔伦蒂诺便主动交待了，那些废弃的食用油就是被她偷走的。

FBI 资深探员亚历克·马丁用自己的经验让新探员亲身体验到了，像塔伦蒂诺这种因面对 FBI 探员或是联邦警察的询问时，为了克服内心的紧张情绪而让自己不停地说话的人，往往说出的都是谎言，因而让亚历桑德罗因对方表情和身世等外部表象所迷惑。事实也进一步告诉亚历桑德罗：只有准确地抓住了犯罪嫌疑人的心理，才能够及时并有效地揭穿对方的谎言，还案情以真相。

第四章　撒谎动作：

FBI 告诉你人撒谎时有什么动作信号

1
从双腿颤动或轻摇中读出心理的变化

一个人的双腿轻轻颤动、摇动或是稍稍移动，都是十分常见的行为。有的人会经常这样做，但有的人从来不会这样做，而对于诚实的和不诚实的人来说同样如此，所以这些肢体语言并不能证明一个人是否存在着有意欺骗的心理和意图。但心理学家弗朗兹·布伦塔诺认为，在这种情况下，观察的重点应当放在出现这种肢体行为语言的起点和变化点上。

在美国新泽西州的一个小镇上，曾发生过一起轰动当地的盗窃案。因案件发生在晚上，加上案发地点又十分偏僻，更主要的是盗贼做案的手段十分高超——将失主家值钱的东西偷走后，失主一家人还在呼呼睡大觉，直到次日醒来才发现家中被盗，才立即报了案。

虽然 FBI 的探员赶到后对案发现场进行了仔细观察，但并没有提取到什么有价值的线索，甚至连罪犯留下的一个脚印也没提取到，以致 FBI 产生了这样的质疑：被盗人家里的东西难道会凭空消失吗？这让参与办案的 FBI 探员十分头痛。这时当地一名警长带来了一位女子，因为这位女子就在离案发现场不远的对面的加油站工作。可经过审讯后，这名女子却说出事那天晚上他们早早就下班了。这引起了 FBI 探员的注意，并认为这个女子一定是这起案件的目击者，可能因为种种原因不愿意说出实情。于是 FBI 探员对这名女子展开了反复的询问，可是几个小时下来后没有丝毫进展，那个女子翻来覆去讲的总是同样的话，致使审讯开始变得有些枯燥乏味。就在这时，那位带她来的警长突然问了一句：既然你在那家加油站工作了快两年了，那你认识莱特吗？这时，站在一边的 FBI 探员发现，那个女人甚至在还没来得及回答警长的问题时，她的腿便从最初的左右摇动变成了一上一下的踢动。经验丰富的 FBI 探员马上意识到，这是一个十分重要的信息，说明莱特这个名字刺激到了眼前的这个女人。随即，FBI 探员将那位警长叫出了审讯室，在详细了解了那位叫莱特的人的情况后，FBI 探员和警长再次回到了审讯室，而且他们围绕着莱特对那个女子展开了问询。可是那个女子却突然间不说话了，她低着头，两只脚不停地一上一下地踢着。FBI 探员朝警长使了个眼色，警长立刻就出去了。过了一会儿，警长再次回到了审讯室，而且手里还端着一盘面包和一杯牛奶，轻轻放到了女子面前。FBI 探员说："虽然你什么也没说，但是通过我们第一次提到莱特时你的表现，我们就已经知道了一切。不过，我想你一定饿了，我们给你几分钟的时间，吃点东西吧。"

二十分钟后，当 FBI 的探员和当地的警长再回到审讯室时，他们惊讶地发现，盘子里的面包，还有杯子里的牛奶，女子竟然一点没动，而且她好像是得了什么病似的，浑身在不停地抖动着。见此情景，FBI 探员立刻对女子说："我们其实已经掌握了证据，这件事你本来也只是一个从犯，我劝你还是好好想一想吧。"FBI 探员的话还没说完，那个女子就突然抬起了头，哆哆嗦嗦地将事情的经过全都说了出来。

事情果真如这位 FBI 的探员所料，这个女子那天晚上本来的确是下班了，但在路上她发现了正要作案的莱特。她被莱特发现后，莱特便以威胁利诱的手段将她收买了，以致让她成为了从犯。当 FBI 探员向她询问莱特时她心里特别紧张，两只脚便不由自主地上下踢踏着……随后，FBI 探员根据这个女子所提供的情况，很快抓住了犯罪嫌疑人莱特，并在他的家中搜出了那些还未来得及出手的赃物。由于人证物证充分，所以莱特没有任何辩解。但莱特连做梦也不会想到，警察这么快就找到了他。其实，就连那位当了多年警长的警察也没有料到，如此一起可以说是十分蹊跷的盗窃案，竟然被这位看似不过刚刚三十岁出头的年轻的 FBI 探员仅仅用了不到一天的时间，而且足不出户就将案子破掉了。

从上面的案例中不难看出，如果不是那位 FBI 探员及时捕捉到了那个女子在肢体行为语言上的细微变化，这起没有目击证人、现场又没有任何线索的入室盗窃案就很难在如此短的时间内寻找到突破口，而破案更是无从谈起。所以说，一个优秀的 FBI 探员，是决不会轻易放过任何一个细微的肢体行为语言的表达的。

2

挺起胸膛就能让你的心思有地方躲藏吗

　　美国行为治疗心理学家沃尔普认为，当一个人在伸展四肢或躯干时，他所透露出来的可能是一种心情舒适的信号。这是因为，当一个人遇到开心或是高兴的事情时，他会借助四肢或通过胸部的扩张运动赶走疲劳，换上愉悦的心情，就像拨开云雾见到太阳一样。这时候，他的胸部肌肉也是处于松弛状态的，胸部会呈现出微微挺起的动作。可以说，这种情况每个人都会遇到。比如一个人终于完成了某件事情后总会长长地舒一口气，而这个时候他的心情一定是舒展的和畅快的。

　　然而当一个人的内心出现紧张、不安甚至是慌恐、害怕时，他的胸部肌肉就会出现不同程度的收缩。如果不是仔细观察，这种行为有时候表现得并不明显。当这种不安的消极情绪不断蔓延和扩张到一定程度后，他同样会做出一种肢体舒展或是扩胸的行为。沃尔普认为，这是人的内心在寻求安慰的一种行为，也就是通常讲的释放行为。无论是 FBI 在对犯罪嫌疑人的审讯中，还是人们在工作、生活、社交活动中，每个人都会有这样的经历：当一个人埋头工作因时间关系而无法完成工作时，就会在心里对自己说"快点完成"，可精神上越是紧张反而完成得越是慢（工作），因为

77

情绪上的过分紧张与过度担心会令浑身的肌肉变得僵硬。当一个人忙得头昏眼花时猛一抬头，经常会通过扩胸运动或是活动四肢的方式释放一下紧张的情绪，从而缓解内心的压力以便更好地去完成工作。显然，这就是一种典型的释放行为。

在面对犯罪嫌疑人时，FBI 经常会遇到对方出现的这种挺胸或扩胸的动作，但很多时候还要根据具体的情况去采取不同的审讯策略，这样才能够准确有效地把握住机遇，以达到对犯罪嫌疑人一击致命的打击。

在内布拉斯加州的一个小镇上有一间酒吧，这里每天都会有很多人聚在一起喝酒聊天。2007 年的夏天，这里的熟客路特忽然和酒吧老板吵了起来，而且两个人越吵越凶，最后不得不报了警。警察赶到后了解到，原来在头一天晚上路特可能因多喝了几杯，使他的那块老怀表不知丢哪儿去了，他找遍了家里和车上也没找到，所以怀疑怀表是在酒吧丢失的。警察根据路特的口述到他家里进行了查找，果真什么也没找到，尔后在征得酒吧主人的同意后，警察对酒吧也进行了一番查找，同样一无所获。路特表示，他那块镶金的老式怀表是他妻子生前送给他的，所以他务必要找到。当晚酒吧里的客人很少，再有就是店内的五个伙计。于是，警察就对相关的众人一一进行了询问，但并没发现什么线索。

恰巧 FBI 探员多奇来这里休假，这名负责此事的警察曾和多奇一起办过案子，于是便找到他帮忙。经过对当事人的询问之后，多奇最后将小偷锁定在了这五名店伙计身上。通过询问得知，那天酒吧里的这五名伙计在上班时间都没有离开过酒吧。在征得他们的同意后，多奇和酒吧主人在警察的陪同下一起对五名伙计在酒吧的房间进行了搜查。他们房间内的东西很简单，多奇什么也没有找到。这时一名伙计提供了一个信息，就在酒吧打烊那会儿别人都在忙着收拾东西时，埃斯塔去了趟卫生间。因为当时他问了埃斯塔一句，所以记得。可随后他也去了卫生间，却没有发现埃斯塔，直到他们收拾得差不多时埃斯塔才急慌慌地回来。

多奇找到埃斯塔询问，埃斯塔的回答很果决："不是我拿的。"多奇并没有死心，继续对埃斯塔进行询问，埃斯塔也一直坚持这样说。但多奇发现，虽然埃斯塔的话听起来很有底气，但他的两个肩略向里缩将胸脯收了进去。当多奇注视他的时候，他立刻就将自己的胸膛挺了起来，摆出一副信誓旦旦的样子。多奇没有继续追问埃斯塔，而是自言自语地说："这件事如果不是你做的话，那会是谁呢？"然后他就一一提起了店内其他几名伙计的名字，问到一个，埃斯塔就会微笑着摇摇头："不会是他。他那么胆小，有一回见到地上有 20 美元都不敢捡起来，怎么会是他呢？"多奇又问第二个，埃斯塔舒展一下四肢又笑了："更不会是他了。上次一位客人丢了个宝石戒指被他捡到了都还给人家了，而这件事别人压根就不知道。"当问到第三个人时，埃斯塔似犹豫了一下，嘴里重复了一遍那个人的名字。发现多奇正盯着自己，便伸出胳膊做了几个扩胸的动作，说："不会是他，他人那么老实。"但埃斯塔的一举一动却没能逃脱多奇锐利的目光，他看到，当埃斯塔做扩胸的动作时，嘴里好像是向外轻轻舒了口气。因为当时是夏天，穿的衣服单薄，所以多奇发现他的胸口轻轻起伏了一下。这说明第三个人出现在他脑海时让他心里突然起了某种不良的反应，所以故意借扩胸的行为来缓解一下内心的慌乱或紧张情绪。多奇接着又问起了最后一个伙计，也被埃斯塔肯定地否决了。突然，多奇双眼一瞪："既然你把别人全都否定了，那么路特的那块怀表一定就是你偷的。"不容埃斯塔辩解，多奇又将想像中埃斯塔见到怀表而起贪心从而借着路特酒醉的状态将其身上的怀表偷窃的经过一连串地讲了出来。最后多奇将埃斯塔说得急了,他竟挺起胸膛来大声说:"你不要冤枉好人,怀表根本就不是我偷的!"多奇却不容埃斯塔解释,掏出手拷将埃斯塔拷了起来,并且得意地说:"不要再狡辩了,等回到警察局再慢慢说吧。"埃斯塔忽然瘫坐在椅子上,收缩起胸膛交待了一切——原来路特的怀表真的不是他偷的,而是多奇所问的第三个伙计偷的。当时他去卫生间时,无意碰到了那个家伙正在将怀表藏进一个花盆里,而那家伙还答应了他,等怀表卖了一定分给他一些钱。

FBI 多奇的办案经历说明,当面对犯罪嫌疑人时,如果无法从其他方面获得更多的线索和信息,而又想从犯罪嫌疑人的肢体行为语言中捕捉信息,就决不能孤立地去看待对方身体上出现的某一种单一的肢体语言,应根据实际情况去具体分析,这样才能够做到及时准确地把握住犯罪嫌疑人的心理变化。

心理学家沃尔普说,挺起胸膛的行为还有一种时候是不容忽视的,那就是当一个人感觉到不安时会突然挺起胸膛。因为无论是人类还是一些灵长类动物,当他们感到即将或是正在受到某种威胁时,就会本能地挺起自己的胸膛,其意图是以此种行为来向敌人表达出要捍卫属于自己领地的意志。这一点在职业拳击的比赛现场很容易看到——当接受挑战的拳王上场后,总是会一边高高举起属于自己的拳王金腰带,一边挺起胸膛怒目而视着前来向他挑战的拳手。

3

撒谎者的绞缠双脚动作

据美国心理专家卡尔·哈维研究证明，当一个人突然向内侧旋转两只脚并且相互绞在一起时，这种肢体行为语言的变化所传递出来的信息是：这个人内心一定是感觉到了某种焦虑不安，甚至是某种威胁。而这一点在联邦监狱里也得到了证实——据那些经常审讯犯罪嫌疑人的 FBI 探员们讲，在审讯犯罪嫌疑人时，他们里面的很多人都会相互将两只脚绞在一起。这或许仅仅是表现出了他们紧张的内心，并没有什么奇特之处，但是，一位做过八年 FBI 的探员说："如果一个人绞住双脚的时间过长，那么就应当引起我们的注意了，尤其是一个男人出现这种行为时。"

按照卡尔·哈维教授的观点，双脚相互绞在一起其实也是大脑边缘系统受到威胁时的一种自然反应。经验丰富的 FBI 探员们却提出了另一种值得注意的现象，那就是说谎的人双脚往往像被冰冻在了那里一样，保持长时间的不动，或者是两只脚紧紧地绞在一起保持着一种姿势，甚至是将两只腿绞缠在椅子腿上。对此卡尔·哈维教授很快就通过他的研究证明了 FBI 探员们的这一发现，那就是人们在说谎话的时候往往会有意或是无意间限制他们的四肢动作。

　　1981年11月份，美国亚利桑那州警察局接到一对年轻夫妇的报警电话，那对夫妇在公路边的一个小树林散步时，发现了一具尸体。警察赶到之后，立刻封锁了现场。

　　死者是一个十几岁的小女孩。经过检查，警方认为小女孩的脑部曾受到过钝器的重击，而这也是造成小女孩死亡的直接原因。很快，警方就在案发现场发现了一个沾有少许血迹的锤子。后经法医验证，小女孩的颅骨确实是在锤子的重击之下才破裂的。随后，警方对此案展开了调查，并很快得到了关于这个小女孩的相关情况。死者叫安娜，十二岁，当天她是在回家的路上出事的。但在之后的一段时间内，警方对这起凶残的奸杀案却再没了任何进展。

　　直到有一天，美国联邦调查局介入了此案，因为此时在同样一个偏僻的地方再次发生了一件相同的案子。综合两起案件，FBI的探员排除了蓄意谋杀的可能，认为这是两起随机性的奸杀案。经过进一步地仔细观察，两起案件的死者的背部、臀部、脚上均十分干净，没有任何杂物，这说明发现尸体的地方都不是第一犯罪现场，而凶手实施犯罪的地方极有可能是在汽车上。

　　富有经验的FBI探员们很快推断出凶手一定是一个具有强迫性格的人，而通常这类人大多偏爱深蓝色的汽车。随后，附近一个州的警察局抓获了一名有着重大作案嫌疑的人杰克。警察们对他进行了反复的询问并动用了测谎仪器，仍然是毫无结果。在这种情况下，FBI的探员们调出了当时审讯杰克的监控录像，当看到一半时，他们立刻下令再次将那位叫做杰克的男子带回了警察局。

　　在同样的审讯室里，FBI的探员对杰克展开了审问。上次审问杰克的警长自始至终都目睹了整个的审问过程，但令这位警长感到惊讶的是，一向被人们传得神乎其神的 FBI 却没有做出什么惊人的举动。他们拿着上次的审问笔录，只是在问到"你真的没有杀过人吗"这句话时，忽然加重了语气接着说："请抬起头来！"杰克随即抬起了头，目不转睛地回答："是的，警察先生。再过一个多月我就要结婚了，怎么会去杀人呢？"FBI 的探员说："杰克先生，我劝你还是老实交待吧。虽然你讲话时的神态很坦然，但是你的双脚已经把你的内心出卖了。"杰克不以为然，FBI 的探员们马上让人将他们刚才的监控录像调了出来，并指着录像中杰克的双脚说："你看，每次询问你的时候，你总会习惯性地将两只脚紧紧绞缠在一起。这说明你一直在撒谎。"

杰克依旧矢口否认。FBI 的探员们很快就调出了之前的所有审讯他的监控录像，果然每次审讯前，杰克都会将两只脚绞在一起。但只有一次例外，那就是对他实行测谎时的录像中，杰克没有绞住双脚，而是将两只脚分开顶在了两根椅腿上。每次询问即将结束时，杰克才会轻轻地松散开两只脚。

在一段段录像面前，杰克终于有些坐不住了，但聪明的 FBI 探员们没有给杰克喘息的机会，他们一面加紧对杰克进行审讯，一面派人对杰克的住所进行了搜查。

在杰克的住所，FBI 发现了几个光碟，原来这个杰克每次做案时都喜欢将那些过程拍下来然后刻录成光碟。在铁一般的证据面前，杰克终于再也无法抵抗，只得将所有的犯罪事实都交待了出来。

不可否认，细心的 FBI 探员们敏锐地捕捉到了杰克绞脚的这一动作，准确地把握住了他面对审讯时的心理变化，最终将一起原本毫无头绪的连环奸杀案及时地告破了。而杰克虽然做事一向谨慎，并且有着极好的心理

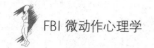

素质，但他怎么也没有想到，最终还是被自己的肢体语言行为给出卖了。据破解此案的 FBI 探员讲，其实无论是将双脚绞缠在一起，还是将两只脚缠住椅子的把手，都是一种心理上的冻结行为的体现，其所表露出来的一定是内心的焦虑与不安。

这种长时间地将自己的肢体冻结的行为，目的无非是寻找到其恐慌内心的一个支撑点而已。

4

隐藏自我的耸肩缩头动作

在对肢体行为语言的观察中，FBI 还十分注重对人体肩部的细致观察。他们认为，作为身体与肢体之间的连接纽带，肩对于窥视他人的心理有着较为重要与积极的意义。

美国心理学家卡尔·哈维在对一家世界 500 强企业员工的演讲中，曾经对场下的一位员工说："如果当你的老板问你：'你有没有听到过客户的抱怨'时，你会怎么回答？"这位员工立刻站起来不假思索地答道："没有。"然后耸了耸半个肩坐下了。卡尔·哈维当即对台下的这位员工说："你说谎了。"卡尔·哈维的结论是在大量的实践研究后所做出的，因为如果一个人是诚实的，那么他的两个肩膀的耸动应该同样是积极的、向上的，而且步调也应该是一致的。当一个人对自己所说的话感觉到非常自信的时候，那么他双肩耸动的幅度也会随之加大。虽然这是一种背离重心的行为，但说明这个人对他自己的言行充满了自信。而一个人的肩膀单一地耸动，则说明他对自己的结论缺乏信心。

在肢体行为语言的研究中还有一种耸肩的动作，在 FBI 看来，是尤为值得关注的，那就是双肩的向内收缩。这是一个人处于消极心理状态之下所做出的自然反应，其这样做的目的是想通过肌肉的内缩和双肩的缓缓上升使自己的头部缩下来，以达到尽量不引起自己的对立面的注意，就像乌龟遇到了让它感觉到威胁的力量出现后的第一反应。这就是所谓的"乌龟效应"。

1979 年 8 月，在美国内华达州一个偏远的小镇上，连续出现的野生动物谋杀案让平静的小镇上空笼罩上了一层阴云。据当地居民讲，在 8 月份每隔两三天，就会隐隐听到从野生动物园那边传来野鹿一声声凄惨的号叫，就像鬼哭狼嚎。野生动物园方面的管理人员说，他们虽然加强了园内的保护措施，但罪犯就像个幽灵一样出没无常，根本看不到他的影子。

接到报案后 FBI 立即赶到了现场，可通过一番实地勘察后，FBI 不由得连连称奇——根据附近居民和野生动物园的讲述，他们都曾听到过野鹿的叫声，奇怪的是他们找遍了整个野生动物园却没有发现一滴血，而且也没有找到任何一条有价值的线索。在这种情况下，向来无所不能的 FBI 一时间也无计可施，只好对园区进行全天候的蹲守。但这里有一个问题，如果罪犯从此洗手不干了，FBI 这样做是否还能抓到凶手？

一天过去了，三天过去了，一周过去了，野生动物园里十分平静。难道罪犯已经知道了 FBI 在这里蹲守？一位年轻的 FBI 探员终于想到了一个办法。第二天，FBI 的探员找到了小镇的镇长。很快，几乎整个小镇上的村民都知道了，那个接连残杀、偷盗野鹿的罪犯被 FBI 抓住了，而且在明天上午，FBI 将押着罪犯在镇广场上举行一个游街仪式，以便让大家看看这个罪犯的模样。

第二天上午，小镇广场上聚集了不少当地民众，镇长也早早地赶到了那里。可是民众们等了老半天，也没见一个 FBI 探员出现。眼看快到中午了，依然没见到他们，很多妇女只得领着孩子回家做饭去了。最后，广场上只剩下二十几个男人还吸着烟在那里等着。这时，一辆警车出现了，两名身着制服的 FBI 探员从车上下来，缓缓走到了主席台上。下面开始有人起哄："不是说已经抓到罪犯了吗？"有人嗤之以鼻，有人吹口哨。FBI 的探员拿起话筒，说："大家请放心，我们没有骗你们，我们将现场抓住那位残杀偷窃野鹿的罪犯。"一片嘘声过后，FBI 的探员双目朝下面扫了一眼，伸手向人群中一指，大声说："大家不要猜测了，因为那个嚣张的罪犯就在你们当中，我今天就当场让他自己跳出来。"广场上顿时静了下来，两位荷枪实弹的 FBI 探员走到主席台的前面，掏出了手枪，然后对着下面的人有节奏地念着："十……九……"当念到一时，一个 FBI 探员伸手冲着台下一个留着长胡子的男人说："你就是凶手。抓住他！"长胡子男人刚跑了十几步，就被混在其中的一位 FBI 探员给抓住了。

随后，FBI 立即对长胡子男人的家进行了搜查，在他的家中果真找到了捕杀野鹿的工具，还有麻醉野鹿用的麻药针。在铁证面前，长胡子男人不得不承认猎杀野鹿的事情的确是他做的。而他之所以这么做，是因为他好赌，欠了别人好多钱，走投无路之下才决定猎杀几头野鹿来卖钱还债。他虽然承认了一切，但好奇心却驱使他很想知道 FBI 是如何发现自己是凶手的，在他的请求下，FBI 将事情的真相毫无保留地告诉了他。

原来那位年轻的 FBI 探员发现在他们蹲守了一个星期之后，罪犯却没出现，就感觉到罪犯一定就住在野生动物园附近的村庄，所以便故作声势说抓住了凶手，其目的显然是把真正的凶手引出来。当凶手发现他们并没有带来什么凶手时，FBI 突然宣布凶手就在现场，并且掏出枪对准现场所有的人。面对这一突发事件，在场的每个人都会做出惊讶的表情，这是正

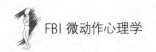

常人的一种自然反应，无论他们做出什么惊人的举动都可以。但作为真正的凶手，在枪口的注视之下，必定会心里突然发慌，下意识地出现双肩上挑、缩头的动作，使自己变得矮小些，以使自己不要引起 FBI 的注意。

FBI 正是抓住了罪犯的这种微妙的心理变化所引发的肢体行为上出现的"乌龟效应"，从而一眼就把隐藏在人群中的凶手认了出来的。可笑的是，当 FBI 探员问起凶手当时是否耸肩缩头时，长胡子男人却默然地摇了摇头。这更进一步说明了当一个心怀忐忑的人突然遭遇到令他觉得尴尬甚至恐慌的事情时，其第一反应就是如何能够把自己隐藏起来，就像人群中那个猎杀野鹿的凶手一样，做出了下意识的耸肩缩头的动作，而他自己却不知道。如此一来，反而将自己独特地孤立在了人群之中，再也无法遁形。

第五章　手部动作：

FBI 告诉你怎样从上肢看出真实信息

1

手部动作透露的信息

在很多情况下，人们的双手会不自觉地做出很多小动作，这些动作看似无意，却在一定程度上表达了当时的内心活动。FBI在审讯犯人的过程中，会经常通过观察被审讯者的手部动作来判断其情绪变化，从而为案件捕捉有利的信息。

手部动作大致有这样几种：

（一）手指相扣：当人们遇到重大刺激或者突如其来的变化时，手指就会紧紧相扣，这是压力和焦虑的标志性动作。这种动作类似于祈祷的姿势，随着双手紧扣的力度加大，双手的颜色可能会发生变化，到了这种程度就表示事情可能已经很糟了。

（二）搓手：当人们感受到寒冷时，会不由自主地搓手，这可能是在取暖，但如果在温暖的环境中做出这个动作，就不是取暖的问题了。在开始劳动、竞争之前，"摩拳擦掌"经常被人形容为人们精神抖擞、跃跃欲试的样子。其实，搓手的意思也类似于此，表示对某种事物的一种期待。相信看过韩剧的人都会发现，韩国女性在祈求他人或者有所期待时就会做出搓手的动作。最典型的搓手动作莫过于在棋牌桌上，当有人快要赢得一局时，总会在抓起一张牌后用手摩挲一下，希望它就是自己期待的那张牌。另外，在某些时候，人们会用一根手指摩擦另一只手的手掌心，这表示此时他已经处于轻度的焦虑状态。如果在获知情况变得糟糕后，他就会变成十指交叉摩擦，十指交叉摩擦表明人们正处于非常苦恼的状态。FBI 在破案过程中会经常看到被审讯者做出这样的动作，这表示对方可能被某些话题所刺激到了，这是一种自我安慰的行为。另外，还有一种搓手姿势不是两只手互相摩挲，而是用其他的东西擦手掌，如毛巾、衣服等手头上的东西，这也是一种紧张焦虑的表现。当人们面对压力或者要进行具有挑战性的活动时，往往会紧张得手心冒汗，或许是为了掩饰这种现象，才做出这种下意识的动作。

（三）触摸颈部：只要细心观察，人们就会发现有人在说话时会不由自主地用手抚摸颈部。其实，这是一种不自信的表现。用手抚摸颈部属于一种自我安慰的动作，其表明动作者的大脑正在处理某些消极情绪，因此以这种动作缓解自己的压力。一次，FBI 探员乔·纳瓦罗与朋友聊天时，一个女同事从他身旁走过，她的一只手正抚着颈部，而另一只手则拿着手机，纳瓦罗看到后立即猜到这位同事一定碰到了问题。当这位女同事打完电话后，乔·纳瓦罗经过询问得知她的孩子正在发高烧，她得马上回家。

（四）摸下巴：提起摸下巴的手势，人们肯定会联想起著名雕塑家罗丹的作品《思想者》，一个裸体男人坐在石头上用手托着下巴凝视着某处的雕像。从这个雕塑中，相信大家对手摸下巴的姿势有一定的了解了，这通常表现了一个思考的状态。在生活中的不同情境下，手摸下巴也有不同的含义。比如，当人们对眼前的事物产生极大的兴趣时，通常会抚摸下巴。在课堂上或者会议室中常常可以看到这个动作，当人们在倾听别人讲话时，会保持手托下巴的姿势，看上去就像在思考。其实，事实并非如此。当人们对演讲者所讲述的话题不感兴趣时，也会保持这个姿势。这时，手只不过是一个支架，好像在诉说："我已经坚持不下去了，快要睡着了！"所以当你在台上演讲时，要观察台下的听众，看他们对你的演讲是否已经感到厌倦。那些用手轻轻触摸下巴和脸颊的人大多是正在思考，而那些将脸完全架在手上的人无疑是敷衍演讲者的行为。在演讲的过程中，如果你发现有人食指朝上、用拇指摸着下巴，那么表示这个人此时正在评价你的演讲内容；如果他又将食指或者中指移向嘴部或者用手抹眼睛，这表示对方有疑问，这时你应该停下来，给对方说出自己观点的机会。

在演讲或者谈判中，如果你发现听众或者谈判对手做出摸下巴的手势，可以判断对方正在思考、决定。如果你想要知道他们决定的倾向，就需要观察他们其他部位的动作。如果对方做出防御或者掌控性的动作，比如双臂交叉、背靠椅子等动作，那么很有可能他们与你的意见相反；如果对方身体前倾，并作出手掌摊开的动作，那么你就不用担心了。

在社交场合中，尽管人们也许对某些事物毫无兴趣，但有时为了表示友好不得不做出感兴趣的样子。这时，人们一定要注意自己的手部姿势，因为手臂是最容易出现在他人视线中的部位，你稍不留意的动作可能就会出卖了你的内心。另外，过多的手部动作也会让人感觉不够稳重成熟，会降低自己的诚信度，容易给人留下素质低下的印象。所以在公共场合一定要注意自己的手部姿势，否则细微的动作可能就造成不可挽回的后果。

2

手指交叉传达出什么意思？

　　在肢体行为语言中，虽然手部出现的一些动作最为直观，人们一眼便能够看得到，但这种看似简单的手势所表现出的其所对应的心理却很精准和细致。美国心理学家桑代克曾说："当一个人的边缘大脑受到某种刺激而让他感觉到有压力并开始出现紧张时，他的肾上腺素等激素就会出现迅速地急增，随之而来的表现会最先传达给他的手部。换言之，就是说当环境发生了变化之后，一个人对他周围的事物的反应也会出现相应的调整。比如，当一个人心理上的自信发生动摇或对他固有的思维观念产生了怀疑时，首先这种反应会出现在手部，如手指交叉攥在一起。与之对应的是双手十指张开，做出合掌式的形态，但手掌可能并不合在一起，十指若即若离甚至是轻轻扣动，这表明他的心情得到了缓解，自信再次回到了他的身上。"桑代克的观点，几乎每一位 FBI 探员都得到过更为清晰的见证和深刻的实践。

　　但是人的心理往往是复杂的、多变的，也许只是在那么一瞬间的功夫，对方的心理就已经发生了完全不同的改变。有过多年办案经历的 FBI 探员哈里森在一次对 FBI 新成员授课时这样说："比如人的手势，刚刚他可能

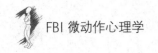

还是双手交叉攥在了一起，等你发现后，一转眼可能又会被对手伪装而摆出了一种极具自信的合掌式，然后又将双掌放在双腿上搓来搓去。这就说明，这个人正处于一种患得患失的反复与犹疑之中。"

据哈里森回忆说，他曾经就遇到过这样一位对手。那是一个冬天，FBI 接到了一家银行的报案，而哈里森被派到这家银行进行调查。可以说，事情发生得十分蹊跷——放在银行金库里的五百万美元现金竟然在一夜之间神不知鬼不觉地不翼而飞了。在哈里森介入调查的第二天，不好的消息再次传来，不知道是哪个人将银行失窃的消息传了出去，被好事的记者写成文章上了报，一时间舆论哗然："有着如此严密的保安防范和监控设施的银行，竟然会出现现金丢失的情况。一定有内鬼！"政府受到压力后，责令 FBI 限期破案。虽然这些对于哈里森来说并没有什么，但是如此一来，却让犯罪嫌疑人有了更为充分的心理准备。

随后，哈里森便调取了银行的监控录像。但是，将丢失巨款的那两个晚上的录像看完后，哈里森并没有发现什么异常的情况。接着，他又一一对银行的所有工作人员进行了询问，同样没得到任何有价值的线索。这就怪了，什么人能够如此精准地逃避开了所有的监控和银行众多的耳目将五百万现金盗走呢？

经过反复研究后，在接下来的调查中，哈里森再次将目光锁定在了银行的所有工作人员身上，因为他坚信，犯罪嫌疑人肯定就是他们中间的一位或几位。很快哈里森又得到了一条重要线索——就在银行被盗的半个月前，银行刚刚更换了一套全新的监控制备。

哈里森立刻赶到那位为银行更换监控设备的技术工程师的公司，对他展开了调查。对于 FBI 的突然造访，这位工程师表现得十分冷静，甚至没有让坐在一旁的助手停止工作回避一下，就对哈里森说："对不起警察先生，我很忙，请你抓紧时间问吧。"从他一开口，哈里森就感觉这一次遇到了对手。果然，在随后长达半个小时的询问中，这位工程师的每一次回答都十分准确，让哈里森无懈可击。在这种情况下，哈里森不得不和对方玩起了心理战："我想你对银行更换的监控设备和位置一定还记得吧？"工程师答道："那当然。"哈里森笑道："那么，我想窃贼一定也十分熟悉这些，所以在他实施盗窃之前一定是将所有的监控设备全部关掉了，这样才能够神不知鬼不觉地实施盗窃。你说对吗？"然后哈里森冷冷地观察着对方神情和肢体上的变化。没想到这位工程师果决地摇着头说："不可能！绝对不可能！"这一刻哈里森忽然困惑了，他继续观察着工程师的一举一动，忽然感觉到办公室里变得很安静，于是他下意识地朝工程师那位助手看了一眼，发现他坐在电脑前，目光死死地盯着显示器，双手放在电脑桌前，十指紧紧地交叉在一起。而助手好像发现了哈里森对他的注目，迅速松开了双手。哈里森再次和工程师聊了起来，而且语气也变得轻松了许多，但话题还是围绕着银行被盗案，像是在和工程师探讨案情一般。但他从眼角的余光发现，那位助手一会儿将十指交叉在一起，一会儿又松开，指尖不停地轻轻敲击着。很快，哈里森结束了与工程师的对话，却拿出手拷将那位助手带回了警局。

在随后的审讯中，那位助手的双手十指始终紧紧地交叉在一起。哈里森见状为他递上了一支雪茄："不要急，好好想想自己该怎样做。"助手张开十指，两只手掌不停地搓动了半天，才接过了哈里森递来的雪茄。随后，他终于没能顶住内心的巨大压力，主动交待出了自己盗窃银行的全部过程。其实，事情的经过很简单，正如哈里森所预料的一样，只不过主角被那位

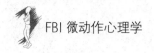

工程师的助手给替换了。

　　哈里森的经历或许多了几分幸运的成分，但其幸运的背后却是由哈里森对肢体行为语言的精准判断为后盾的。其实，对于一名优秀的 FBI 来说，很多时候并不一定要在询问的力度上过于花费精力，只要是准确地读懂了犯罪嫌疑人肢体行为语言的变化，然后根据他心理上所处的状态再施以不同的心理压力，就会收到事半功倍的效果。

　　那位工程师的助手就是一个很好的例子。哈里森在他长时间地攥紧十指之际及时地递给了他一支雪茄，目的就是企图为他打开一扇窗好让他能够释放一下情绪，因为多年办案的经验告诉他：如果你为犯罪嫌疑人打开了一扇窗，他就一定会为你打开一扇门。而那位助手伸出手掌来回上下搓动时，说明他内心焦躁、紧张、不安的情绪正在试图以此来得以缓解，但最终经过内心的一番挣扎后，还是选择了接过哈里森递来的雪茄。

3

留意双手叉腰的细微动作

　　双手叉腰是一种捍卫领地的行为，它常常体现出一个人的霸道和权威。尤其是军人，在讲话时经常会摆出这样的姿势，其实这是他们训练的一部分。当然，退役的军人最好改掉这个习惯，否则会给人一种拒人以千里之外的感觉。人们在生活中一般不会做出这个动作，所以 FBI 工作人员在培训时会提醒警官要注意控制这个动作，以防便衣查案时暴露身份而给自己带来生命危险。

　　双手叉腰的姿势往往给人一种从容、自信的感觉。通常社会地位较高的人会做出这样的姿势，比如上级在对下级下达指示时。家长教训孩子，或者有人对他人进行唾骂时也都会做出这样的动作，这显示了一种盛气凌人的气势，会给人一种先发制人的强势。对于女性来说，这种动作还有一种特殊的用途。如果你是一个女领导，在面对自己的一群男下属时难免有驾驭不住的情况。在开会时，不妨站立着，以双手叉腰的姿势来表示自己能够驾驭一切。

　　传统的叉腰方式是双手放在腰上，拇指向后。还有一种动作与传统的叉腰方式有细微区别，就是双手叉腰，拇指向前。当人们好奇或者忧虑时，

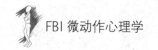

就会做出这样的动作。他们摆出这种疑惑的姿势，思考着到底是怎么回事。如果他们解决了疑惑，就会将拇指指向外侧，摆出更具有掌控性的姿势。

如果一个人单手叉腰，就会增加个人空间的面积，原本瘦小的人也会因此变得高大起来，给人一种威慑力。如果是双手叉腰，这种姿势当然会更具有效果。

双手叉腰是一种掌控性的语言。当人们穿行在拥挤的人群中时，往往会张开双臂，用手肘为自己的身体开路，最后冲出人群。肘部具有坚硬有力的优势，正是这种无声的威胁使他人为自己让路，而又不至于招来别人的抗议。另外，这也是一种准备进攻的姿势。在古代，人们的腰部会时常佩戴利剑，在准备攻击时就会手放在腰间，这样可以随时拔出利剑与对方进行搏斗。现代社会虽然人们腰部不再佩戴利剑，但是双手叉腰的姿势仍然能够给人造成一种威慑力。正是这种姿势具有威慑性，所以常常给人带来不好的印象，被人认为是轻蔑、鄙视的行为。

在第二次世界大战结束时，道格拉斯·麦克阿瑟将军在接受日本投降后，与日本天皇站在一起拍了一张照片。日本天皇站在那里，并谨慎地将双手放在两旁，而身材魁梧的麦克阿瑟将军却将双手放在腰部，给人一种盛气凌人的气势。相比之下，本来不具有身高优势的日本天皇，此时就像一个刚被教训完的孩子站在麦克阿瑟将军旁边。在日本，双手叉腰是一种极为不恭的动作，麦克阿瑟将军的这种行为无疑会让当时的日本天皇感受到严重的侮辱性。但无奈是战败国，日本天皇也只有忍受的份了。

双手叉腰的姿势除了表示轻蔑、权威之外，人们在遇到困难时也会采用这个动作，所表达的意思是：虽然自己遇到了挫折、失败，但是不希望得到他人的同情，更不会因此而屈服。这种姿势在运动场上经常可以看到。

在 2008 年第 49 届世乒赛场上，当王楠以 1∶3 败给对方时，就做出双手叉腰的姿势，同时还撅起了嘴巴。可能除了表示自己不需要被安慰之外，还表达了自己永不言败的信念。

另外，从双手叉腰的姿势也可以判断出人们之间的关系，特别是在聚会等社交场合。当你站在人群中，如果周围都是一些陌生人，或者你平时讨厌的人在旁边，可能就会做出这种双手叉腰的姿势，目的是为了与对方保持一定距离。如果此时有朋友来到了你身边，你可能就会不自觉地放下叉在腰部的一只手，而另一只手或许还是保持原来的姿势，所以从叉腰的姿势上也可以推断出人们之间的关系。

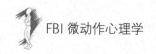

4

握手也能暴露内心的秘密

　　握手动作能反映出什么问题呢？在大多数人看来，两个人之间的握手是日常生活中再平常不过的事情了，它会隐藏有哪些秘密呢？看完以下这个发生在美国新泽西州的一起刑事案件后，相信你就会从中找到答案。

　　1988 年 8 月 8 日，美国新泽西州一个原本平静的别墅区内发生了一起骇人听闻的刑事案件。一名三十岁的妇女和她不到两岁的孩子惨死在距离别墅两公里远的一片小树林中，而且死者的头部还被锯了下来。当地警察接到报案后火速赶往了事发现场。出警的警员叫约翰·比德尔，当他赶到事发现场后不禁惊呆了，因为在他从警近八年的时间里，从没有见过如此让人作呕的犯罪现场：一名妇女的头滚落在地，身下原本发黄的树叶被血染成了红色，而在距离妇女不到一米的树上还吊着一名被脱光了衣服的幼儿。看到这样的场景后，约翰·比德尔对犯罪分子的这种令人发指的罪行感到极度愤怒，下决心尽快抓获凶手。

　　在接下来的调查中，约翰·比德尔向死者家属询问了死者的情况。据死者的丈夫反映，死者名叫莉莎·丝娜，他们结婚三年后生下了一个漂亮的女孩。但由于工作原因，自己经常不在家，只有在周六周日的时候才和妻子孩子团聚，而妻子和孩子受害的时候恰巧是自己不在家时。当他询问死者是否与别人有过节时，死者的丈夫摇了摇头，并说自己的妻子也是个温柔贤惠的人，平常很少出门，与邻居之间相处得非常好。

经过对案发现场的仔细勘查，比德尔并没有找到任何犯罪证据，甚至连脚印都没有。正当他为如何破获案件苦恼之时，死者的丈夫向其提供了这样一条信息："在我妻子遇害的一个星期前，我的前任妻子克丽丝打电话要求和我复婚，并让我搬到她那里住。她甚至还威胁我说，如果不和现任妻子离婚并放弃抚养孩子，她将会让她们尝尽苦头。当时我对她所说的这些话并没有在意，认为她只是说说而已。但从目前的情况来看，我真的不能保证不是她干的。"

约翰·比德尔听后，问道："她现在住在哪里？"

"住在距离别墅不到三十公里外的一个小镇上。"随后，死者的丈夫将一个写有详细地址的卡片交给了比德尔。比德尔随即驱车来到克丽丝的住处，并敲开了她的门，对她说道："你好，我是约翰·比德尔警员。有些事情需要与你交谈，我能进去吗？"穿着睡衣的克丽丝睡眼惺忪地将他让到了屋内，而等她换好衣服后便接受了比德尔的询问。为了节省时间，比德尔开门见山地说道："你前夫的妻子莉莎·丝娜和她的孩子被人杀害了，你知道这件事吗？"说完比德尔就仔细观察着她的行为举止。

"天啊，竟然会有这样的事情发生，太不可思议了！"克丽丝吃惊地说道。

"那么在 8 月 8 日当天，你在哪里？"约翰·比德尔问道。

"哦，让我想想。"说完后，克丽丝做出了思考的姿势。过了一会儿她说道："8 月 8 日这天，我参加在新泽西州举行的一场音乐会，那天我

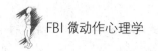

玩得非常高兴。之后我又参加了朋友举办的生日聚会。这有什么问题吗？"克丽丝从容地说道。

"非常感谢你的回答，我要问的问题已经问完了，如果需要我可能会随时来找你。"与此同时，约翰·比德尔伸出手表示要握手告别。可克丽丝却并没有与比德尔握手，而是将手缩了回去。虽然这令比德尔感到十分疑惑，但他还是微笑着离开了克丽丝的家。

其实，比德尔并不相信克丽丝所说的话，回去后他首先查阅了在8月8日当天新泽西州是否举行了音乐会。当找到音乐会的举办方时，举办方却告诉他："原本计划是在8月8日举办一场音乐会的，可由于演员身体出现了不适，所以就临时取消了。"随后比德尔又暗中找到克丽丝所说的好友，当她们告诉他8月8日这天克丽丝并没有参加生日聚会时，比德尔马上认定克丽丝作案的嫌疑非常大。

于是，比德尔又来到了克丽丝的住处。当克丽丝打开房门时，比德尔将手伸向她，克丽丝似乎没有反应过来便和他握了手。两人握手之后，细心的比德尔发现，虽然她的手非常光滑，但在食指位置上有一些粗糙，好像是被硬物划伤过一样。

此时，比德尔认为凶手就是克丽丝。为了找到更多的证据，他拿出搜查证后对她家进行了搜查。最后，比德尔在克丽丝家中花园的一个角落里发现了一把锯，随即他将克丽丝和锯同时带回了警察局。经过对锯上沾染的血迹提取DNA样本和死者身上残留的血迹进行对比后发现，两者相吻合。毫无疑问，用如此残忍方式杀害死者的犯罪分子就是眼前这位看似弱小的克丽丝。而在接下来的讯问中，克丽丝很快交代了自己的犯罪经过："我与死者的丈夫以前是夫妻，可自从他认识莉莎之后，就与我离了婚。为此我非常气愤，同时对死者产生了非常强的抵触心理，总认为是她拆散了我的家庭。于是我到市场上买来了一把锯，趁前夫不在家时溜进了死者的房间，并将其打昏捆绑了起来，又抱起还在睡梦中的孩子。然后，开车将她们母女二人运到了小树林中，疯狂地锯死者，还将孩子脱光衣服挂在树上吊死。我就是要让她知道抢走我心爱男人的下场！"在场的警员听完克丽丝的述说后，深深感受到这个女人简直是蛇蝎心肠，而等待她的也将是法律的严惩。

当人们看完这个案例后，或许会惊讶：原来看似平常的握手动作中可以发现隐藏在人的内心深处的秘密。美国行为心理学家马斯洛曾经说过："大多数人不会在意握手这样的小动作，而实际上通过一个人的握手动作是可以察觉到其心理变化情况的。所以，人们不应该忽视握手这一动作，而应该仔细观察握手动作背后的真实秘密，这样才能有效了解别人的心理。"

结合本案来看，在约翰·比德尔第一次出于礼貌性地与克丽丝握手时她将手缩了回去，这一动作表明她有一种不自信或者畏惧的心理。当比尔德第二次与她握手时，比德尔竟然从中感觉到她的食指受了伤。联系到上一次与她握手时的情况，便认定她就是杀人凶手。

由此看来，握手动作确实值得人们多加关注。因为有时看似一次普通的握手，其背后却可能隐藏着惊天秘密。

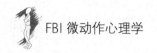

5

从手部动作暴露的秘密

据研究表明，人的大脑对手部，包括手腕、手指、手掌的偏爱程度要远远高于人体的其他部位，而且这一点在人类的进化学研究中也得到了进一步的证实。作为语言交流的辅助性动作——肢体行为语言，FBI 的心理专家又将手部的变化分为了具有积极效应的手势和具有消极意义的手势两种。

FBI 的心理专家往往更为偏重于对后者的研究，因为消极意义上的各种手势更有助于 FBI 探员去揭穿犯罪嫌疑人的各种谎言，破解犯罪嫌疑人的心灵密码，从而为侦破案件带来实质意义上的帮助。

从事过近三十年 FBI 探员培训的教官博贝特介绍说，譬如咬指甲，通常说明这个人在突然之间缺少了安全感，由于神经过度紧张而去咬指甲。其实，它就像手心出汗一样，是一个人的内心在说谎后的最为直接的表现。同样，突然出现的手掌抖动行为，也说明一个人在瞬间心理受到了某种刺激，因为当一个人看到或是听到了某种不好的信息时，他的大脑会在第一时间将这种反应直接传输到肢体的边缘部位。

在宾夕法尼亚州首府哈里斯堡的一个闹市区，一家生意火爆的咖啡屋发生了一件奇怪的事情。每到深夜，店里的咖啡便不知被谁全部倒到了大街上，而且在地面上还发现不知谁用咖啡歪歪扭扭地写下的几个字：我也要喝咖啡。开始老板对此并没有在意，可是第二天、第三天……接连好几天都发生了同样的一幕。知晓此事的人们都感觉到十分诡异，甚至有人还将这件事与一些灵异事件联系到了一起，一时间搞得人心惶惶。

调查此事的是有着十几年FBI经历的探员科鲁兹。科鲁兹是一个不折不扣的无神论者，他根本不相信什么灵异，所以当他了解到事情的经过后没有急着下结论，而是穿着便装在这条繁华的街道上秘密走访了一遍。在离这家咖啡厅二十米左右的地方同样也开着一家咖啡店，并且生意也很好，这样一来，他立刻就排除了同行之间的恶意行为。但随着更为深入的了解，他获悉这家（出现怪异事情的咖啡厅）咖啡厅的老板对店内的员工十分苛刻，哪怕迟到一分钟都会扣掉十美元。这时候科鲁兹心里立刻想到：一定是店内的员工因不满老板的苛刻行为做出了过激举动。如果按照FBI的惯例，只需立即对店内的所有员工进行一一调查询问即可，但在科鲁兹的建议下他们没有这样做。因为科鲁兹意识到，假如贸然对员工们采取行动，他们若矢口否认的话事情就很难再继续查下去，因为整个事件本身既没有目击人，也没有重大嫌疑之人。对方只要洗手不干，这件事就将成为一个再也无法解开的谜。

科鲁兹认为，想要破此案必须从人的心理入手。

经过商议之后，科鲁兹和他的同事们将这家咖啡厅的员工们都叫到了一间宽大的房间里，开始了调查行动。但此次调查的方式十分怪异：FBI的探员们将一本小说发给了每一位员工，让他们认真阅读并记住书里的主人公，并表示过一会儿将会对他们进行单独询问，回答不上来的人就要被带回警局。于是每个人都认真地读了起来。几个小时后，科鲁兹叫他们拿好自己的书排好队，然后让他们一个个单独去另一个房间接受阅读后的询问。每进去一个人，科鲁兹都会照例问一下书的内容和里面的主人公叫什么名字，然后又冷不丁地会在对方没有防备的情况下突然提高声音说："倒咖啡的事情就是你做的，还不老实交待！"被问的人立即回过神来，开始大声争辩甚至发怒，而科鲁兹就挥挥手让其离开。在轮到一个瘦高个留着小胡子的员工时，当科鲁兹再次提高声音说出那句话时，这位员工握书的手腕忽然一抖，啪哒一声，那本书掉落到地上，此时立在一旁的 FBI 探员立刻上去将他拷住了。

为了稳妥起见，科鲁兹还是对剩下的员工全都照例进行了同样的提问，但最终只留下了那位小胡子。

在随后的进一步审问中，小胡子的双手始终不停地抖动着，甚至手心里还冒出了汗。在这种情况下，科鲁兹加强了心理攻势，小胡子最终交待了整个事件的经过。

原来一切正如科鲁兹最初所料一样，这个小胡子经常迟到，常常被扣工资。而前些天，老板又唠叨了他半天，他一时气愤就做出了倒咖啡的举动。

对于毫无经验的咖啡厅员工来说，科鲁兹正是准确地抓住了其心理，运用让人读书这种方式，对所有有着嫌疑的员工进行一种另类的精神麻醉，然后突然将矛头对准每一个人。

这样，对方在毫无心理准备的情况下突然遭到质问，只要是曾经做过这种事情的人，必然会出现那么一瞬间的记忆重现，而这种记忆重现的结果会让他的大脑在第一时间里将其内心的这种惊讶传输到肢体的末梢或边缘部位，使其做出一些有失常理的举动。在随后的审问过程中，小胡子出现的手心冒汗也同样是这种心理的反映。

科鲁兹在事后回忆说："当一个人的心理遭受过这种突发式的打击后，即便是随后他能很快回味过来进行反击和抵抗，也无济于事，因为他在和你交锋的第一个回合就已经失去了先机。无论他在后面的表演如何精彩，也无法掩盖住他这一次致命的失误。"

第六章　腿部动作：

FBI 告诉你怎样从下肢看出真实信息

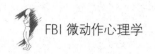

1
从脚部姿势解读一个人的内心

在生活中，人们往往首先注意到的是他人的上半身，如眼睛、鼻子、嘴巴和肩膀等，很少有人去注意他人的下半身，尤其是脚部姿势。殊不知，这个被人们普遍忽视的姿势背后却蕴藏着无数的信息。FBI 认为，脚部姿势最能够从侧面反映出一个人的内心世界。特别是那些说谎的人，他们的脚部姿势往往会在不经意间出卖他们。有经验的 FBI 就是通过一些脚部姿势的细微变化来捕捉一个人的动机。

在 FBI 看来，脚部虽然离人的大脑最远，但是它向人们反馈出的信息的准确度却丝毫不亚于身体的其他部位。事实上，脚是人体中比较敏感的一个部位，因而由它反馈出来的信息是最直接的。由此可见，如果想要更加透彻地了解一个人，是完全可以通过对方的脚部姿势来洞察出对方真实的内心世界的。

经过多年的实战总结，FBI 认为，一些说谎者在撒谎时通常会用一些隐蔽的小动作来掩饰自己的谎言，但无论怎样掩饰，他们脚部的姿势所发出的信息都是难以掩饰的。对此，美国佛罗里达州警局的警察詹姆斯·格利昂曾经做过一项测谎实验——他把两个疑犯分别放到不同的环境中，然后问他们相同的问题。第一名测试者在整个测试过程中表现得很平静，没有过多的小动作，他的脚部姿势和身体其他部位也都表现得很协调；第二名测试者则总是企图用一些小动作来掩饰内心的不安和紧张，因为他深知自己在撒谎。

测试结束后，格利昂把第二名测试者叫到了一旁，指明他在说谎。这名测试者感到很不解，反驳无效之后，只得问格利昂是如何发现的。对此，格利昂给出了这样的答案："虽然你极力想用一些小动作来掩饰你的谎言，但你的脚部姿势却出卖了你，因为你的脚部姿势与身体其他部位的表现非常不协调，而这种情况通常都是由撒谎产生的慌乱心理而引起的。"

脚部反映出来的信息是具有一定参考价值的。FBI 结合多年的观察与经验，总结出了以下一些脚部姿势，并从中破译出了其中所隐含的人的内心变化：

（一）双脚在一条水平线上分开的人

FBI 认为，做出这种脚部姿势的人，通常都在公司中处于领导或上级等优势地位，他们在与下属谈话时往往会做出这样的姿势。从这个脚部姿势便可以看出他们的自信，甚至他们的这种脚部姿势会让下属感到一种盛气凌人的气势。这类人说话也往往是命令式的，大多不会耐心听取下属的意见，他们总是以"你应该""你必须"等命令式的话语作为谈话的开始。另外，这种姿势也常常出现在犯罪嫌疑人身上，尤其是男性疑犯。对此，FBI 将其分为了三种类型：

第一种，强势型。这类疑犯通常在社会中扮演着强者的角色，或者出生在有权有势的家庭。即便他们犯了法，由于其优越的家庭和社会背景，使得他们往往采用这种姿势藐视警察。

第二种，犯罪型。犯罪型是指那些犯了罪却百般狡辩的疑犯。他们往往用这种脚部姿势来掩盖内心的慌乱，并企图用这种盛气凌人的姿势误导警察的分析和判断。而事实证明，利用这种脚部姿势来掩盖所犯罪行并不能迷惑"久经战场"的 FBI。

第三种，无辜型。在审讯过程中，一些确实与案情无关的疑犯往往会做出这种姿势。这是因为他们没有犯罪的行为，所以内心坦然自若，而这种坦然在很多时候会产生一种问心无愧、自信满满的心理。在这种优势心理的驱使下，他们的双脚往往会在一条水平线上分开，似乎在对警察说："我没犯罪，你并不能把我怎么样。"

（二）把脚放在另外一只脚上的人

FBI 将这种脚部姿势称为"4 字形"，他们认为一般男性更容易做出这种姿势——男性往往想通过这种脚部动作向别人传达出自己处于优势地位的信息。这种人一般都非常自信且有主见，不会轻易改变自己的意愿；他们做事独断专行，遇到问题也不愿与他人商议，而是一味地凭借个人的主观意愿去行事，并总是希望别人也能按照自己的想法做事。而一些试图想要说服这类人的人，往往会产生一种挫败感，因为在这类人的潜意识里，自己就是主导整个事态发展的关键人物，其他人只要服从自己就行了。FBI 告诫人们，做出这个脚部动作的人一定要从自身的实际情况出发，且要有一定的尺度。如果在上级或面试官跟前做出这样的动作，会给人留下一个不好的印象——他们会认为你是一个不懂得尊重别人且自高自傲的人。显然，他们对你产生这样的印象对你没有任何好处。

为了更好地证明这一点，美国阿拉斯加州警局的利查德·布吉斯警官讲述了这样一件事情：曾任美国海军少校的迈克尔·斯派克经过层层选拔得到了阿拉斯加州警局的面试通知。斯派克出生在美国军事世家，曾在军队中取得过良好的成绩，而且他的军事技能也非常强，尤其是射击，他能够用手枪击中 200 米以外的一个核桃。但他此前在海军中却格外不受欢迎，因为和他相处过的人都觉得他不懂得尊重人且狂妄自大。当时，阿拉斯加州警局局长和美国政界高层负责面试，他们从斯派克的简历中得知了他过硬的军事技能，而他们也正需要这种人才。斯派克在面试中没有表现出任何拘谨，而是表现得非常轻松。从面试一开始，他便将一只脚放到了另一只脚上。对此，面试官们都感到很吃惊，因为他们没想到斯派克竟是如此的傲慢无礼。面试结束后，阿拉斯加州警局局长不满地对其他面试官说道："斯派克把脚放到另一只脚上，这给人的印象很不好，由此可以看出他是一个不懂得尊重他人且傲慢无礼的军人。虽然他的军事技能有一定的优势，但从 FBI 素质的综合考核来讲，他不符合我们的要求，所以我决定拒绝录用他。"其他面试官也点头表示赞同这一决定。

布吉斯警官指出，脚部姿势能发出一些意想不到的信息，并能够真实地反映出一个人的心理素质。而对于傲慢无礼、狂妄自大的人，即便是军事技能过硬，FBI 也不会录用他。

（三）一只脚在前一只脚在后站立的人

FBI 认为，站立时两只脚一前一后的姿势，是一个人内心深感不安、缺乏安全感的表现。这种方式可以缓解其内心的不安，从而增强他内心的安全感。这类人通常都是一些内心世界自我封闭的人，他们很少愿意与人吐露心声，而且在他们的内心深处对别人存有一定的戒备心理。或许他们的这种心理与其成长的环境因素有很大的关系，在他们接受审讯时，也会习惯性地两只脚一前一后地放着。

一位涉嫌拐卖儿童的疑犯弗兰克·卡拉妮尔被新泽西州警察列入了调查范围，但是在问讯她的过程中警察却没有得到丝毫有价值的信息——卡拉妮尔百般推脱且面不改色，好像她真的完全对此不知情似的，就连警察也觉得她似乎不可能是罪犯。但是后来，新泽西州警察发现卡拉妮尔在整个问讯的过程中，两只脚总是一前一后地放着。通过这点，新泽西州警察判断出卡拉妮尔内心的极度不安和恐惧，也进一步判定她与这起案件一定有关系。

总而言之，从一个人的脚部姿势判断出来的内心信号一般都具有很高的可信度。当然，在仔细观察一个人的脚部姿势的时候，还要结合当时的环境因素的变化，这样才能做出更为准确的分析和判断，也才能够真正解读出一个人内心的真实情况。

2

从腿脚动作发现内心的情绪变化

　　美国行为心理学家亨特·沃尔特认为，在研究非语言行为中，人体腿脚部分表现出的肢体语言有着极为特殊的作用，对研究一个人的心理有着极为重要的意义。在研究一个人腿脚部分的肢体行为时发现，其通常会表现出两种不同的心理：一种是具有舒适感的腿脚行为，另一种是具有紧张慌乱心理的腿脚行为。

　　在人际交往或是 FBI 在与犯罪嫌疑人打交道的过程中，具有舒适感的腿脚行为通常会表现得较为自如，当一个人的心情十分愉快时，他的行为往往就会出现一副松散的模样，例如将双腿随意地交叉在一起，同时将另一脚的一侧轻轻跷起，而当有人走过来的时候他就会恢复到原来的姿态，这其实就是在向对方透露出了一种心理行为转变的信号——从无人时的心情放松到有人来时的紧张。在社交中或是办公室里，这种情形可以说比比皆是，如一个小职员正在借工作之机偷懒，老板忽然出现在了他的面前时，他就会突然收敛刚才放松的样子，很快恢复到紧张工作时的状态。

　　FBI 心理学专家史密斯认为，还有一种情况也能够很好地说明这种心理，比如在社交中或是联邦 FBI 在审讯中，经常会发生两个人面对面而坐

115

的情形。如果当一个人突然感到有些不适的时候，他就会突然向回收缩一下伸出的腿脚，同时伴着的还会有身体略微向后倾的动作，这说明这个人通过谈话感觉到了心理的某种不适、紧张甚至是敌意，所以在意识的支配下会不由自主地朝后收缩一下腿脚，以免发生某种接触；如果当一个人突然向前将自己的腿脚朝对方伸进一下时，则说明这个人从心理上突然对对方感觉到了某种好感，说明两个人之间是没有什么隔阂和敌意的，他们的心情感到了愉悦。

对于 FBI 而言，他们更注重于与上述情形恰恰相反的行为，那就是对方突然出现的由紧张慌乱的心理所导致的腿脚行为。通常这种行为是具有消极意义的，比如在审讯中犯罪嫌疑人突然出现的双脚紧紧锁在一起的动作，或是将两条腿紧紧绞住两条椅子腿的动作，或是一只脚忽然出现了向前踢的动作。这些腿部行为的突然出现，都表示出这个人的心理突然发生了急转式的变化，即原本舒适的心理在突然之间感到了某种压力、紧张或是不适。如果是在 FBI 对犯罪嫌疑人的审讯中，那么犯罪嫌疑人出现的这种肢体行为就要引起 FBI 的格外注意了。

FBI 纳瓦罗就曾遇到过这样一位难缠的对手。那是在 2003 年，在康涅狄格州的哈特福德曾接连发生了数起金银首饰店的抢劫案，一时间搞得人心惶惶，以致惊动了 FBI，而 FBI 纳瓦罗应命参加了对这起案件的调查。但真正调查起来并不顺利，这主要是因为罪犯实施抢劫的首饰店往往都是在闹市区，这种地方大多人口多，而且居住在周围的人的社会背景也比较复杂，加上人口流动性又大。为了顺利破获此案，FBI 动用了数名探员，而且还有警方的配合。尽管如此，案件调查仍然毫无头绪。FBI 纳瓦罗后来将目标对准了城区的数家金银首饰店。

这一天，当纳瓦罗来到一家首饰店时，忽然门口出现的一名戴着白色口罩的男子引起了纳瓦罗的注意。当时天气已经开始有点热了，这名男子竟然还戴着口罩，纳瓦罗不由将目光对准了他。这名男子来到首饰店后并不去看那些摆在柜台里面金光灿灿的金银首饰，而是穿过来来往往的客人径直朝里面走去。纳瓦罗的大脑里立刻想到了"抢劫犯"三个字，但由于当时店内的顾客较多，为了避免打草惊蛇（万一惊动了他，而他又恰恰是那个抢劫犯的话，他很有可能会做出一些伤及无辜的举动），于是纳瓦罗尾随在那个男子身后。这名男子径直来到了收银台前，略一停顿间，纳瓦罗发现那名男子的双腿突然叉开了，他立刻意识到：这个人要开始行动了。于是，纳瓦罗迅速冲过去一脚踢开那名男子刚刚从袖口里拽出来的枪，然后扑上去将他擒住。

　　在对这名男子进行审讯时，他只是交待出除了自己被抓时的确打算是想抢劫首饰店外，对于其他的一概不承认。尤其是后来纳瓦罗问及对方之前发生在哈特福德的几起抢劫案时，同样遭到了那名男子的矢口否认。通过在审讯现场以及回看审讯监控录像的观察中，纳瓦罗进一步发现，这名男子的表情和肢体行为并没有流露出异常的举动，回答问题时也有条不紊，由此纳瓦罗立刻判断出：这个人的思维很敏捷。在这种情况下，纳瓦罗的审讯陷入了困境。随着进一步深入调查，FBI 其他探员发现了平日里经常跟这名男子接触的一些人，他们认为这些人很有可能就是在前几起抢劫案中的这名男子的同伙。因为在前几起抢劫案，每次被抢的首饰店都是规模比较大的，而这一次纳瓦罗抓获这名男子时的首饰店却很小。所以说，极有可能是这些人在实施了前几次的抢劫后，因为某些原因导致他们之间发生了矛盾，比如分赃不均、意见相左，才出现了各自单独行动的结果。

纳瓦罗曾问过这名男子是否有同伙，对方虽然并不承认，但在审讯中纳瓦罗却发现，当他提到"帕斯特"和"罗莱多纳"两个人名时，这名男子稍稍一愣。虽然仅仅是电光石火的一瞬间，却被纳瓦罗捕捉到了，而男子本来一直跷着的二郎腿，那一瞬间放在上面的那条腿也突然向前探了一下。纳瓦罗接连试验了几回，每次只要自己一提到这两个人名，这名男子的那条腿都会出现幅度不一的向前探的动作或是轻微的颤动。纳瓦罗一边不动声色地继续审问这名男子，一边在暗里通知 FBI 其他探员很快将那两名叫"帕斯特"和"罗莱多纳"的人抓获了。在对二人的审讯过程中，罗莱多纳最先顶不住 FBI 对其施加的压力而承认了一切。原来果然如纳瓦罗所料，他们三个人正是因为分赃不均而分道扬镳的。这两个人本来打算此后再也不去做抢劫的事情了，没想到还是因为那个贪得无厌的家伙（最先抓获的那名男子）被 FBI 抓住了。

在 FBI 的审讯室里，犯罪嫌疑人腿脚的每一次异常举动都无法逃过 FBI 的眼睛。德国心理学家卡尔·布勒曾说："很多时候并不是语言出卖了你，而是说谎的人无论如何的镇定自若，当他们心情出现紧张不安时，不经意间的一个肢体行为都会在一瞬间将他们的心理变化暴露无遗。"

3

叉开双腿的心理含义

在解读身体语言时，多数人都习惯从人的脸部变化开始观察，但是对于那些心理素质较好的人来说，反而会很好地利用脸部的表情变化来掩蔽他内心真实的情绪。所以，通常那些有经验的 FBI 往往会把目光对准到那些嫌疑人的腿和脚，即通过观察犯罪嫌疑人的腿和脚部的细微变化，打开他们真实心理的第一扇窗。

FBI 心理专家认为，当一个人在你面前突然叉开双腿的时候，就说明他同时也向你摆出了一副对立或抵抗的姿态。这是因为很多哺乳类动物在感觉到烦躁、压力或威胁时，都会本能地生出一种抵触情绪，以此来捍卫自己的领地，而人也是如此尤其是那些军人和执法者，在战胜对方的欲望的驱动下，他们常常会在有意或无意间将双腿尽量分得更为宽些，以此来彰显他们是不容侵犯的。

当双方陷入到一种僵持的状态之际，他们往往会不自觉地将两条腿叉开，这样做的目的并非是让自己能够站得更加稳固一些，而是他们感受到了某种不安、威胁、恐慌。对于那些富有经验的 FBI 探员来讲，这其实是其在向对方表达出一种更为强烈的信号，或者是在向对方传达你的麻烦即

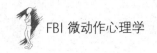

将来临了。

如果你发现一个人的腿并在一起后突然又叉开了，就说明这个人忽然变得有些不高兴了。对于那些经验老道的 FBI 探员来讲，对方突然出现的这种细微的肢体行为动作变化，说明他内心情绪变化的临界点出现了，如果能够及时捕捉并利用好这次难得的机会，也许将会成为破解整个案件最为关键的一环。

米罗加入到 FBI 已经有近十年的时间了，经过训练和长久的实践，他能够从人的不同的肢体变化中读出很多重要的信息。据米罗回忆说，在冷战期间，有一次他和一名 FBI 探员抓住了一名俄罗斯间谍。这位俄罗斯间谍在被捕后表现得十分冷静，当米罗问到谁是他的幕后指使者时，他坐在那里闭口不言（其实，在被抓之前他就早已做好了为了祖国而不惜牺牲自己的想法了）。此时美国国防部长命令米罗一定要尽快找到这名间谍的同伙，因为他的同伙极有可能还会对美国的安全构成潜在的威胁。形势迫在眉睫，米罗决定用对方非语言所表现出来的肢体动作上的变化去捕捉其内心的变化，以收集到自己需要的情报信息。

米罗和他的同事搜集到了很多图片，每张图片上都是一些与这位俄罗斯特工曾经一起工作过的人，而在这些人中极有可能有些就是他的同伙。当米罗的同事将这些照片一一展示在那名俄罗斯特工面前时，这名特工便回忆着一一讲述起与他相处时的事情。从他流利的讲述中，米罗明白，这位老练的特工决不会这么轻易地透露出他所需要的东西，但他并没有放松对这名俄罗斯特工的观察。随着时间一点点地过去，当米罗的同事（一位 FBI 探员）突然说出一个人的名字，然后将照片递到那名俄罗斯特工面前时，这名特工照样轻描淡写地瞟了一眼照片上的人，同时两条原本随意垂在地上的腿突然下意识地朝两边分开了一些，因为他从照片上看到了自己的同伙，但只是电光火石般的一闪念间，这位俄罗斯特工便恢复了常态，继续讲述起了关于这个人的一些情况。然而他的这一细微变化却没能逃脱米罗那锐利的眼睛——他微微叉开的双腿所表现出的那种抗拒和抵御情绪，在那一刻完全暴露在了米罗面前。虽然那名特工最终也没有说出什么有价值的信息，但其实他突然微微叉开的双腿却在无形之中将同伙出卖了。根据这一信息，FBI 的探员们很快在一个小镇上将那名俄罗斯特工的同伙抓获了，而这名特工在随后的审讯中交待出了他们此次的任务，从而进一步证明了米罗当初的判断。

可笑的是，那位最先被抓住的俄罗斯特工在他后来所写的回忆录中写了这样的话：在秘密潜入美国的那一次行动中，虽然我被捕了，但我并没有出卖任何一位同事，可是那些 FBI 们却像无所不知的天神一样，很快将我的同事抓到了，这一点令我百思不得其解。

俄罗斯特工的失败在于他自身对非语言表达的肢体行为的漠视，而细心的米罗则捕捉到了他在听到一个人名时瞬间出现的分腿动作，并据此读懂了他对那个人所做出的一种心理上的保护的观念，从而在这场交锋中取得了突破性的胜利。那位俄罗斯特工却不知他虽然做到了守口如瓶，但他无意中的一个分腿的肢体行为，却将他的心思在那一刻完全表露了出来，于无形之中将自己的同事供了出来。

4

从站姿看性格

当人的双腿站立时，通常会有 4 种站姿：双腿交叉、双腿张开、立正的姿势以及一只脚向前的姿势。很多时候，从观察对方站立时腿脚的姿态，就可以在一定程度上了解对方当时的心理状态，以及他与交谈对象的关系。FBI 在破案过程中，也常常能从对象的站姿中获得很有力的证据。

立正的姿势在生活中最常见，不管是男性还是女性都会经常做出这样的姿势。这种姿势比较正式，表明了一种中立的态度。尤其是在人们首次见面时，通常都会采用这样的站姿，双腿并拢的站立姿势能够给人一种礼貌、温文尔雅的印象。另外，当学生遇见老师，晚辈拜见长辈，或者下级见上司等所有低地位的人见地位高的人时，往往都会采用这样的姿态以示尊重。

双腿张开的姿势，通常是男性会做出的姿势，女性很少采用这样的站姿，因为这种站姿有展现自己男子气概的意味。一般当男性做出这样的姿势时，则好像在说："我是这里的老大，必须听我的！"当男人做出这样的姿势时，则表示他很有信心来支配自己的行为。很多时候，比赛场上的男选手们在开场时都会做出这样的站姿，以此来显示自己强大的实力。

交叉双腿的姿势，是最常见的站姿之一。在一些男性与女性共同出席的场合中，如果你稍加留意就会发现，很多人在站立时都会保持一种让自己双腿保持交叉的姿势。如果你仔细地观察就会发现，通常这些交叉双腿的人与他人的距离都比较远。如果他们穿着外套，通常外套上的纽扣是扣上的。如果你再做进一步的了解，你就会发现这些保持双腿交叉站姿的人，通常是互不熟识的。相反，如果你在一个场合看到几乎所有站着的人都是双腿张开，外套敞开，身体重心落在一只脚上，另一只脚则指向交谈对象，你会发现这些人的表情通常比较轻松惬意，他们都能随意地出入他人的个人空间。如果你上前了解一下就会清楚，这些人都是相互熟识的老朋友。这一现象表明，在与陌生人交流时，人们都习惯保持双腿交叉的方式，而面对熟人的时候双腿都会自然站立。双腿张开表示一种坦然相对的态度，也显示了一种优越感。交叉双腿体现了一个人的封闭消极的态度，或者是一种自卑与防御性的表现。如果一个女性做出双腿交叉的站姿，则表示她并不想离开这个场合但又想与他人保持距离，不想任何人来打扰自己。如果一个男性做出双腿交叉的姿势，则更加显示了他不想离开的想法。大多数时候，男性通常都是张开自己的双腿，以表示自己的男性气概，而交叉双腿则表示他不想自己的男性气概被他人所影响。因此，当他发现自己面对的男性比自己的地位高时，就会习惯性地将自己的双腿交叉，以免自己显得过于张扬而被对方所攻击；相反，当他所面对的是比自己弱势的人时，就会将双腿展开，以显示自己的优越感。

　　一只脚向前迈开的站姿，在很多场合中都可以看到，这种姿势最能够反映一个人的心理活动。因为一只脚所指向的方向反映了人们心里最想要去的地方或者感兴趣的人和事。比如，当一群人在交谈时，其中一个人将

自己的一只脚尖指向了另一个人，则说明他对这个人很感兴趣。当两个人在交谈时，其中一个人在不知不觉中将自己那只伸出去的脚尖朝向身体的左侧或者右侧，则表示其不想再交谈下去，打算要离开了。

当一个人的站立姿势再配以其他动作的时候，将会产生更为丰富的内涵。如果一个人双腿自然站立，双手却插在裤兜里，还时不时地抽出来，这说明此人为人谨慎，凡事喜欢三思后行。这类人在工作中很可能缺乏灵活性，往往会笨拙地处理问题，事后又懊恼不已。这种姿势给人一种很忙碌的感觉，这通常是他们不知所措的表现。另外，此类人通常会将爱情看得很神圣，从不轻易玷污感情。他们不会轻易地爱上一个人，更不会随便地向人表达自己对爱情的坚贞。

一些人习惯双脚并拢然后双手放在背后，这类人往往在感情上较为急躁，喜欢对人紧缠不放。这类人与他人相处比较和睦，有很大一部分原因是由于他们不会拒绝别人的要求。人们通常都愿意听到别人赞赏的言语，而这类人正好擅长恭维他人。一般情况下，此类人没有什么创新精神，他们只会脚踏实地地做好每件事。他们最大的快乐来源于他们对生活的知足，而这种不好争斗的性格总会让他们的心情很美好。

当人的双脚叉开，平行站立，而双臂又环于胸前，则表示他此时完全蔑视对方，具有很强的攻击性。经常做出这种姿势的人，在工作中往往不会被传统所束缚，经常能比其他人更淋漓尽致地发挥自己的创造力，这并不是因为他们聪明，而是因为他们具有很强的表现欲。另外，还有一种人双腿自然分开，但偶尔会抖动一下双腿，而且将双手还交叉在胸前，大拇指互相搓动。这类人的表现欲望非常强烈，喜欢出风头，如果有举行示威的活动，这类人会扛着大旗走在队伍的最前面。他们争强好胜，往往容不下别人，常常会出现大家说方他们非要说圆的情况。

通常一些人的站姿是双腿交叉并拢，然后一只手托着下巴，另一只手则托着这只手臂的肘关节。这种人非常自信，多数是工作狂，经常废寝忘食地工作。另外，这类人通常多愁善感，而且情绪无常，上一秒还喜笑颜开，下一秒就可能会面色阴沉。但是，这类人内心却很坚强，不会轻易向他人屈服。

有一些人习惯双脚自然站立，左脚向前伸出，而且左手喜欢插在裤兜里。这种人经常会给人一种文质彬彬的印象，他们为人憨厚善良，很善于处理人际关系，一般不会做出为难他人的事情。他们常常站在他人的角度思考，很具有人情味。但是，如果他们遇到令人愤怒的事也会火冒三丈。他们最讨厌将感情建立在物质基础上，不喜欢那种为了金钱才与他人交往的人。

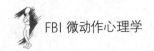

5

走路姿势可以看出一个人的性格

　　像独一无二的手纹一样，每个人都有自己独特的走路姿势，这是人们养成的一种习惯，也在一定程度上反映了各自的性格。如果想要了解一个人的性格特征，也可以从他的走路姿势中作出推断。同样人们在情绪波动时，走路姿势也会随着发生相应的变化，FBI 可以从走路姿势判断出一个人是否在说谎。

　　对于那些想从身体语言来判断他人心理的观察者来说，关注一个人走路的姿势非常有必要，因为它能真实地反映一个人的性格以及当时的情绪态度。心理学家史诺嘉丝曾经对将近 200 个人做过一个研究，发现不同性格和不同心情的人会用不同的方式走路，而且旁观者也可以通过他们走路的方式来判断其性格。走路大步流星、步伐轻盈的人往往充满自信、乐观开朗；走路时拖拖踏踏，或者步伐小，说明此人缺乏主见，行动力差；而内心忧郁的人常常拖着脚走路。但是，当一些快乐的人听到了噩耗时，他们的走路姿势也会发生变化。噩耗往往使人们不顾一切地奔向需要帮助的人，也能导致他们步伐沉重，甚至迈不开脚步。

　　通常，走路时无论快慢都会发出很大声音的人，大都为人憨厚诚实，心胸坦荡。不过，这类人往往缺乏一定的资产管理能力，消费也大手大脚，毫无节制。

走路时双脚浮漂，显得虚弱无力的人，通常个性也比较浮躁，做事急功近利，总是草草了事。这样的人，往往意志力软弱，不具备决断力。

有的人在走路时不停地回头顾看，似乎担心被人尾随，又或者是想要观察后面是否发生了什么事情。FBI 表示，这类人疑心很重，不会轻易信赖他人，而且常常无事生非，将简单的事情搞得复杂化。这种人在人际交往中往往欠缺与他人合作的能力，常常与他人产生不必要的矛盾。

走路时脚尖向内的人，就是俗称的"内八字"走姿，这种走路姿势有点滑稽可笑。这种走路姿势的人性格通常比较懦弱，没有魄力，看上去永远是憨厚老实的样子。这些人一旦遇到突发事件便会大乱阵脚，不知所措。相反，走路时脚尖向外呈现"外八字"的人做事雷厉风行，交际能力很强。

走路时步伐轻盈、神情自若的人，通常身体矫健，活力四射。另外，这类人正义无私，心胸宽广，心直口快，人缘也很不错。

在某些情况下，人们走路的姿势也会与习惯有所不同，这时人们的姿势需要与所处的情境相匹配。比如，在病房或者图书室走路要尽量轻柔，在婚礼上走路要轻松欢快，在葬礼上步伐要尽量沉重缓慢。因此，走路的姿势会由于环境的变化而有所不同，而一个人合宜的姿态往往能够反映他的性格、品行与素质。

走路的姿势除了能够表露出一个人的性格、素养之外，在不同的状况下还能反映出一个人的心理活动。在侦查案件的过程中，FBI 常常通过一个人走路的姿势来判断其当时的心理状态。

（一）垂头丧气的走姿

当一个人走路时，脑袋深深地垂着，两肩也松松垮垮，而且根本不会意识到自己将要走向哪里，他的眼睛一直朝着地面，整个人显得无精打采，这说明他此时的心情肯定非常低落，感到灰心失意。

（二）怯懦的走姿

一些人走路时脊柱不正，步伐犹豫，行走缓慢，而且左顾右看，唯唯诺诺，似乎做了什么见不得人的事。这类人胸无大志，爱贪小便宜，而且不善交际，喜欢独来独往。他们几乎从不惹是生非，生活得太安静了，走路悄无声息，往往让人忽略他们的存在。

（三）保守的走姿

对于一些保守、思维不灵活的人来说，那种呆板的步伐正好可以反映他们的性格。这类人走路很快，但是步伐很小，手臂摆动也非常僵硬。这种人往往固执己见，墨守成规，不可能做出任何引人注目的事情。

（四）自信的走姿

自信的人走路往往四平八稳，走路的时候也会望着别人，而且通常面带笑容。他们抬头挺胸，身体挺拔，手臂自然摆动，显得轻松自在。这类人给人轻松愉快的印象，很受他人喜爱，常常是人群中的焦点人物。

每个人走路都会有自己的独特之处，或许你平时不会注意到这些特征，但这些特点确实存在，并真切地反映了一个人的心理特征。有的人走路时从来都是行色匆匆，而有的人则永远不紧不慢，这些虽然都是人们生活中的一些微小细节，但它里面却隐藏着深刻的含义，从一定程度上来说，它是一个人品性的体现。在 FBI 洞察他人心理的过程中，观察一个人的走路姿势是一个不容忽略的环节。

走路的姿势蕴含着丰富的信息，除了能判断出一个人的情绪特征，

FBI 还常常通过观察人的走路姿势来识别谎言与抓捕犯人等。FBI 表示，一般在路上行色匆匆的人都有一定的目的地，他们会朝着自己的目标前进，并维持稳定的速度，步伐稳健。相反，那些犯罪分子在作案对象出现之前，总是左顾右盼，神色紧张，走路时快时慢。如果你发现自己的身边出现这样的人，最好趁早远离。

在生活中，有些人看上去比同龄人年轻许多，在很大程度上是由于其行为举止青春化的缘故。很多政治家都希望通过自己的走路姿势来塑造自己年轻有为的形象，而且会达到很好的效果。比如，美国前总统威尔逊在乘飞机时，他总是跑着登上飞机，好像用这种方式向民众显示自己的积极形象。里根总统走路时步伐刚劲，手臂摆动有力，充满自信，给人一种很具有威望的感觉。虽然里根在任期间政绩平平，而且最后还卷入尼加拉瓜丑闻，但他依旧是美国民众心里第三位伟大的总统，这说明一个人的行动姿势的确能给人极其重要的影响。

第七章　形体动作：

FBI 告诉你怎样从肢体看出真实信息

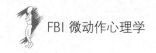

1

男性拥有比女性更丰富的肢体语言

随着 FBI 队伍的不断成长壮大，一些女 FBI 也逐渐进入到人们的视野中。虽然这些女 FBI 在实战中同样取得了令人瞩目的成绩，然而仔细观察就会发现，在 FBI 性别的比例中，女性 FBI 所占的比例要远远低于男性 FBI。也就是说，FBI 里有相当一部分的人是男性。一些人不禁要问："女性 FBI 在实战中的表现丝毫不比男性差，甚至在某些方面还要强于男性，那么为什么女性 FBI 所占的比例如此之小呢？"对此，曾担任 FBI 代理局长的托马斯·J·皮卡德这样表示道："的确如此，女性 FBI 无论是军事技能还是心理素质丝毫不比男性 FBI 差，她们也能出色地完成军事任务。之所以女性 FBI 占的比例不高，主要是因为女性在肢体语言方面的表述没有男性丰富。也就是说，男性善于运用肢体语言来表达内心的变化情况，而在这一点上，女性略显不足。正是由于这个因素，所以男性 FBI 才比女性 FBI 更多。"

美国芝加哥大学心理学系主任卡尔·哈维在研究中发现，男人 70% 的心里话都得靠肢体表达。哈维认为只要仔细观察男人的肢体语言，就可以了解他们的性格特征，并且知晓他们内心世界的变化。作为 FBI 特聘的心理学教授，卡尔·哈维经常到联邦调查局对探员进行心理学方面的知识培训。在授课中，他将自己多年来总结出的男性的肢体语言变化作为了培训的重点。以下便是他总结出的男性不同于女性的肢体语言变化：

（一）假笑总是挂着脸上

卡尔·哈维认为，一个人的微笑是具有神奇魔力的，可以瞬间拉近陌生人之间的关系，并且增强彼此间的感情。此外，微笑还具有特别重要的作用——研究发现，男性微笑的次数越多，赢得别人相信的几率就越高，因此男性为了掩饰自己，很可能会利用微笑的魔力（即在说谎时将假笑挂在脸上）。

其实发现男性挂在脸上的笑是真是假并不难。通常情况下，真实的微笑会持续 2 到 4 秒之间，当男性微笑的时间超过 10 秒以上时，就需要引起注意了。另外，男性在假笑的时候，面部两侧的表情会出现不对称的情况，比如，习惯使用右手的人左嘴角会挑高，而习惯使用左手的人右嘴角会挑高。当看到男性脸上堆满虚假笑容之时，就要思考他们是否隐瞒了什么问题了。

（二）说话速度突然加快

卡尔·哈维分析认为，当男性在说话期间突然加快了速度，多半说明他们对自己所说的话没有把握或缺少信心。因为在男性的潜意识里，当遇到他们不愿意谈及的话题或者被发现了某些事实真相的时候，他们大多希望能尽快结束让他们尴尬不安的话题。如果发现男性在辩解某一些事情时，突然提高了声调和加快了说话速度，并想掩饰自身内心的焦虑和不安时，可以用轻柔的语气鼓励他，让他放松，观察他们是什么反应。如果他们还是忍不住加快说话速度，就可以判断他们有事情隐瞒。一般只要仔细观察

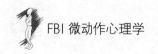

的话，就会寻找出他们言语中露出的破绽。

（三）轻轻地摇头

在很多人看来，男性的摇头动作代表着拒绝。其实，摇头的含义不仅仅如此简单。卡尔·哈维认为，摇头是人类与生俱来的动作之一。比如说，当母亲在喂养幼儿时，幼儿会左右摇晃着脑袋，以便获得更多的乳汁。而如果男性在和别人谈话的过程中无意识地摇头，就说明他得到了像吸吮乳汁时一样的心理满足感。此外，卡尔·哈维研究还发现，如果男性对一个女性做出轻轻摇头的动作时，往往暗示着爱情开始的前奏。因此，当发现男性在下意识地对一个人，尤其是一名女性摇头时，不要简单地认为他在表示内心的不满。

（四）有意识地放慢眨眼次数

"其实你的眼睛就已经将你出卖了"，这是一些人发现别人说谎时随口会说出的一句话。很多时候，男性在说谎时会忍不住眨眼，而当男性想对别人表达内心的真实想法时，就会放慢眨眼的速度和次数，以此来吸引别人的注意。

卡尔·哈维认为，现实中如果发现某一个男性突然放慢了眨眼次数的话，就要屏住呼吸认真听，也许他马上就会揭晓某件事情的真相。

（五）用手揉搓耳朵

男性揉搓耳朵的肢体动作表明他们对某一件事情感到了厌烦，是想结束对话的信号。由于男性有了成人思维，他们会出于礼貌用揉搓耳朵的动作告诉别人他们已经不耐烦了。此时，说话者应该注意自己谈及的话题是否占用了很长时间或者让对方感到枯燥乏味了。当发现男性做出这种动作的时候，可以适当地和其进行沟通，再看他的反应。

当卡尔·哈维总结出男性的这些肢体动作后，便作出了这样的分析："其实正如托马斯·J·皮卡德局长所说的那样，男性 FBI 在实战中做出的肢体动作非常多，这一点女性是无法与之相比的。

当然，这些肢体动作的背后反映的是男性内心世界的变化。而现实中，每一名 FBI 的男性探员都能用男性的视角去分析对手，这样的便利也是女性所不能企及的。其实，也正是如此，才不难解释男性为什么更适合做FBI 了。"

2

不同身材透露的不同的性格特征

FBI 身体语言专家莱特曼博士认为，形体语言是人们社交过程中一门重要的语言，并且可以通过形体背后的蛛丝马迹看透人心。莱特曼博士指出，虽然人的形体无法表达出人的内心想法，但人们却可以通过观察一个人的形体的变化分析出其内心的变化。因为一个人形体的变化可以真实地反映出这个人的性格和心理特征，并且可以通过形体背后所反馈出来的信息透视出他的内心世界。那么，形体背后反馈出来的哪些信息可以让人们透视出一个人的内心呢？莱特曼博士从以下几个方面进行了阐述：

（一）从一个人的体形中透视出人的心理

体形显示出了一个人的整体轮廓，是一个人给对方留下良好印象的第一因素。与人交往，首先进入对方眼中的也是一个人的体形。对于人的体形，FBI 将之分为了以下几种类型：

1.体形总体偏大，身体圆胖型

这类人的性格一般是开朗、乐观且拥有自信心的，他们非常喜欢且善于与人交往，也往往会主动与陌生人说话、交流。由于他们拥有温厚的性格，因而深受周围人的欢迎和喜爱。由于他们还极富爱心和同情心，所以当别人遇到困难需要帮助的时候，会主动并尽力去帮助别人。其实，这类人还有一个显著的特点，那就是他们的忍耐性特别强，即便在生活与工作中遇到了对自己不公平的事情，也没有怨言，而是会踏踏实实地做好自己的工作。不要以为他们这样太傻，其实他们凭借这样的心理不仅和同事的关系处得很好，老板也更愿意提拔这类人。

　　FBI 曾做过一个有趣的测试。他们把三名 FBI 联邦探员分别派到美国人口流量较多的地方，观察那些体形偏大的人的性格和心理特征，然后根据观察的结果，对体形偏大的人做出性格和心理分析。结果是，这三名 FBI 探员一致认为，那些体形偏大的人在行走时有一个共同的特点，那就是昂首挺胸，且充满了自信。其中一名参与观察的 FBI 探员说："为了证实他们极富爱心的同情心的心理，我故意装出需要得到他们帮助的样子，结果，他们真的问我是否需要帮助之类的。"

　　2.体形纤瘦、身体苗条的类型

　　这类人的性格通常较为刚烈，给人的感觉也较为冷漠，而且他们的脾气也非常古怪。尤其是当别人的想法或者建议与他们的想法相冲突时，他们往往会朝别人歇斯底里地大声嚷嚷，直到对方被迫同意他们的想法和观点为止。更重要的是，这类人对物质和权力的追逐是无止境的，他们总是幻想着一夜暴富。他们非常吝啬，当别人向他们借钱时，通常是不会轻易借给别人的，即便是亲人和朋友，他们也会以种种借口拒绝。不仅如此，这类人通常还较多疑，他们往往会为一句话或者一件小事与对方大动干戈，以致这类人在别人的印象中简直是不可理喻的。一般熟知他们这种性格和心理的人，都不会选择再和他们深交下去。

　　在 FBI 当中曾经发生过这样一件事：当时，FBI 的几名探员到一个救

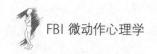

助站进行案件调查，在这个救助站中聚集了从美国各个地方涌来的需要被救助的对象。虽然这里的人们有高有矮、有胖有瘦，但其中一位身材瘦小的中年女士却吸引了 FBI 探员们的目光。这名瘦小的中年女士目光虽然炯炯有神，但眼珠却一动不动，对于周围的人也是一副漠不关心的样子，似乎周围所有的事情都与她无关似的。总之，她给 FBI 的感觉就是相当冷漠无情的一个人，而且她还给了 FBI 探员们一种感觉，即她是一个有不同寻常故事的女人。

为此，FBI 向救助站的站长仔细了解了这位中年女士的情况，结果发现，这名中年妇女很可能与他们现在正在查办的一起拐卖儿童的案件有关——据 FBI 总部的可靠消息，那名拐卖了三十多个儿童的妇女已经假扮成需要救助的对象混入了这个救助站。于是，FBI 对这名瘦小的中年妇女展开了秘密调查，经过长达两个多星期的秘密跟踪和观察发现，这名中年妇女的行踪非常可疑。她白天会假扮成可怜兮兮的被救助的对象，而夜里则偷偷溜出救助站，秘密进行拐卖儿童的犯罪活动。在掌握了这个有利的证据后，FBI 向总部申请了拘捕令，成功抓捕了这名妇女，从而破获了一起震惊美国的儿童拐卖案。

（二）从一个人的身高中解读其内心的秘密

身高不仅是一种形体特征，更是一个重要的信号——通过它，可以分析出人的性格特征和内心世界。经过多年的研究经验，FBI 总结出了以下两种身高特征以及它们所反映出的人的性格特征和内心世界：

1. 身材高大魁梧型

这类人一般非常要强，同时也有强烈的进取心。在很多时候，他们总是具有快人一步的工作精神，因为他们不愿意甘于落人之后，且每时每刻都在激励自己要超越别人。这类人有一个最大的优点，那就是他们通常有着非常强大的自信心和耐力，当他们在做某一件事情的时候总是会坚信自己一定能成功，并且会坚持到底。更为重要的是，他们还拥有开朗的性格，即便他们所做的事情取得的结果并不理想，或者说失败了，他们也往往不会气馁。从这一点上来看，他们对待工作与生活是非常理性的。而对待事情非常理性的人，思维都十分敏捷，反应也相当机灵，当出现紧急状况时，他们还能够利用理性的思维当机立断，因此能够更好、更及时地处理危机事件。

此外，他们还总是对别人抱有很高的期望，尤其是对于他们信任和器重的人。他们希望这些人也能够和自己一样富有进取心，热情开朗地对待生活与工作，并且希望这些人和他们一样信心十足。但是，当他们所期望的这些人在工作上出现失误时，他们便会满腹牢骚，并且指责对方，因为他们不希望看到自己寄于期望的人出现糟糕的情况。他们在工作上本身就有着很强的纪律性，总是把工作做得一丝不苟，让领导和下属都满意为止。他们尤其讨厌那种被别人催促着工作的人，在他们看来，被别人催促着工作会直接影响到他们对待工作的态度和积极性，甚至影响到一个人的人格魅力。他们也不会依赖别人帮助自己完成某件事情，他们的人生格言就是通过自己的努力去完成任务。因为他们始终认为，过分地依赖别人会给自己的成长和发展造成不利的影响。

2.身体矮小、瘦弱型

这种人虽然看上去有种营养不良的感觉，但他们内心却非常机敏，对待事物也总有着他们独特的看法和观点。他们似乎从小便有某种天赋似的，会把常人看起来不可能完成的事情用自己的方式方法去完成，而这与他们

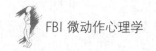

原本矮小瘦弱的体形形成了鲜明的对比。因此有了"不能以貌取人"这样的观点。这类人还总是喜欢用科学的思维和方法去论证一些观点和事情，并且对数字相当敏感，往往精晓非常复杂的运算。他们在语言方面也有极高的造诣，甚至还精通好几个国家的语言，对语言的学习和领悟能力就好像与生俱来似的。

此外，这类人通常都具有强烈的好奇心。可以说，这类人的好奇心也正是引导和促使他们去解开疑问的动力，而且他们也经常把这种好奇心带到日常生活中。在工作上，他们或许不是一个好员工，因为在他们的骨子里始终都有着自己创业的欲望，给别人做事只是暂时的，这也正符合他们内心强大的性格特征。但是，对于这一类人，美国心理学家斯腾伯格指出，他们有一个非常大的缺点，那就是他们在经济上总是会想着依赖于别人的帮助。比如，他们在缺钱时，首先想到的是去向别人借，而不是通过自己的努力去获得。在创业的时候，他们也会选择依赖别人——这类人创业多半会选择合伙创业，而不是单打独斗。

3

身体前倾意味着什么？

　　像身体的其他部位一样，人类的躯干在感到危险时的首要反应就是远离危险物。

　　比如有东西砸向我们身体的时候，我们的躯干就会立刻躲避。通常情况下，这种反应与抛来的物品的危险程度无关，不论是纸团还是很具有伤害性的石头，只要身体感觉到了，就会迅速躲开。另外，当一个令我们厌恶的人在靠近我们的时候，我们的躯干也会不自觉地远离这个人，身体向反方向倾斜，更有甚者会马上走开。

　　如果仔细观察的话，你会发现在乘汽车或者地铁时，很多人都很有技巧地在这些公共区域内维护自己的个人空间。有的人坐着的时候会不停地左右摇动身体，似乎在向两旁的人施压，也有的人在抓着扶手的同时还不停地晃动着碰到别人。

　　这些人似乎在扩展自己的个人空间，因为很多人会远离那些毛手毛脚的人。如果有人不得不坐在或站在这些行为古怪的人的身旁时，他们的身体就会倾向一侧，尽可能地远离这些人。有些人是故意做出那样的行为，以让他人远离自己的躯干。人们不仅会将自己的躯干远离自己不喜欢的人，

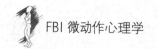

还会将躯干远离那些自己不感兴趣或者厌恶的事物。比如，有人在博物馆看到一些令自己感到心颤的物品，就会马上转身离开。

在大多数情况下，这种倾斜远离的动作都会发生得很突然而且很微妙，或许只是将身体微微一转。比如，感情越来越糟糕的夫妻，他们的身体接触也会越来越少。他们的躯干会尽量避免接触，当并排坐在一起时，他们的身体也会背离对方，在彼此之间构造一个隔离的堡垒。即使他们不得不紧挨着坐在一起时，也会将头转向别处，拒绝将身体朝向对方。其实，在日常生活中，这种身体倾斜的姿势非常普遍。比如，当你与几个朋友在一起聚会时，你正在说话，朋友们将身体靠在椅背上专心地听着你的诉说，这时突然有一个人将自己的身体离开椅背，身体向前倾，同时双腿可能会稍微后移，更加用心地听你说话。这说明这个人对你的说话内容很感兴趣。当两个人在交谈中，其中一个人突然去忙手头上的事情，或者有意地将自己的身体面向门口，并做出躯干向前倾斜的姿势，这时表明他在暗示对方自己想要离开。

通过长期的侦案调查，FBI 发现，身体向前倾斜的姿势往往能体现出一个人性格特征与当时的心理状态。在特定情况下，身体向前倾斜具有很确切的意义。

比如，当一个人行走缓慢，脑袋耷拉，身体微微前倾，双手可能还会背在身后，那么他很有可能心事繁重，不想被人打扰。

如果此时他在行走的过程中忽然停下来随便踢着路边的石子，则表示他此时心情烦躁不安。

在会议与讨论中，这种身体倾斜的姿势十分常见。那些观点一致的人往往会很亲密地靠在一起，而当人们的观点相反或互相排挤的时候，他们往往会控制自己的躯干不向对方倾斜，甚至躯干还会背离对方倾斜。

FBI 表示，人们在交谈时，那些身体向前倾斜的人往往让对方感到热情洋溢，给人一种很亲近的感觉。因此在与他人交流时，如果想让对方感受到自己正在专心地倾听，那么最好的姿势就是将身体微微前倾，并做出认真的表情。如果你想让对方知道自己对他的话题很感兴趣，就注视着对方的脸，并将身体倾向他的方向。

在谈判中，如果有人想尽早结束离开，他就会下意识地将身体倾向门的方向。如果你在谈判中发现对方是这样的姿势，就应该停止交涉或者马上转变话题，重新来吸引对方的注意力。如果改变方式后发现对方还是这种态度，那就按照自己能够掌握的条件尽早结束谈判，这样才可能更好地掌控谈判局面。

FBI 认为，人体躯干的倾斜通常表现为腹侧前置和腹侧后置的形式。人的身体前侧集中着人们最敏感的器官，比如眼睛、胸部等。在交谈中，人们面对自己喜欢或者讨厌的人或事物时，身体倾斜的姿势就会发生不同的变化。当人们面对自己喜欢的人或者自己感兴趣的事物时，身体的前侧也就是腹侧会倾向对方；当人们面对厌恶的人或者不喜欢对方的话题时，腹侧后置姿势就会出现，这时人们就会转换姿势背向对方或者离开。腹侧是人身体最脆弱的部分，所以人们会格外地保护它。通常相爱的人彼此会将身体腹侧倾向对方，他们的脸会挨得很近，将自己最脆弱的部位面向对方，或者互相拥抱。拥抱的姿势使人们将自己的身体彻底倾向对方，并用自己的身体保护住对方的腹侧，这其实是人类生命本能的自然反应。

身体向前倾的姿势通常表示一个人想要亲近的心理，但是如果一个人将身体向前倾的同时将脖子也向前伸出，则表示他此时可能十分生气，尤

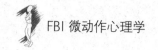

其是对方将下巴抬高并紧握双拳的时候。

　　人的躯干信息能够直接地显示心理的需求，是人们真实情感的表达。FBI 认为，如果能够了解不同情况下身体倾斜所表达的意义，就能够帮助人们控制自己的肢体，还能掌握他人的心理变化，从而提高自己的交际能力。因此，当人们与他人交谈时，应该注意观察对方身体倾斜的方向，及时地把握沟通的局面，尽量避免出现不愉快的情况。

4

是什么出卖了你？

　　美国联邦调查局的警官斯蒂芬·嘉纬修斯科说："没有任何一个罪犯会主动将自己的犯罪经过具实以告，但他们的行为举止往往比他们嘴巴里吐出的话更加可信，更能展示犯罪者的真实个性。"在日常生活中，人们会通过别人所说的话与事实的符合程度去判断其有没有说谎，但是这个判断过程往往是非常漫长的。这样一来，就会让你失去主动性，甚至会给你带来不必要的麻烦。比如，当你在谈判桌上和对手洽谈时，相信了对方的话，答应与之合作，等到你知道对方只是在欺骗你的时候，你可能已经遭受了一定的经济损失。如果在开始谈判时，你就能从对方的行为举止中捕捉到其说谎的信息，那么也就不会遭受损失了。

　　FBI 提醒人们，想要判断一个人是否对你坦诚，除了分析对方话语里隐藏的含义之外，还应该对与对方的非语言交流多加观察。要知道，一个人的行为举止是由内心控制的，它能够反映出一个人真正的心理状态、意图、情绪以及个性等。可现实生活中，大部分人都只知道注意别人的言语，却总是忽略对对方行为举止的观察。对 FBI 来说，罪犯或嫌疑人的任何一个举动都是有一定原因的，所以，FBI 警探在审讯以及讯问的过程中会把

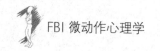

自己的目光放开，最大限度地观察罪犯或嫌疑人的各种行为举动，以从他们的这些动作中获得有价值的线索。

亚利桑那州 FBI 探员经手的一起强奸案就很好地说明了观察嫌疑人行为举止的重要性：一起强奸案的嫌疑人被抓来审讯，该名嫌疑人本身是一名法律顾问，对法律知识了解透彻，因此其供词也十分具有说服力，他编造的故事也非常符合常理。在审讯的过程中，嫌疑人反复声明："我从未见过受害人。我一直沿着一排棉花地前行，大约走了 10 分钟的时间，往右转，我就直接回到了自己的家门口。"一名警员迅速做着笔录，把供词详细地记录下来，而另一名警员则仔细观察着嫌疑人的一举一动。

警员在审讯的过程中发现，当嫌疑人说到自己右转之后就直接回到了自己的家门口时，他却打了一个完全相反的手势，即向左的手势。警员又问了一些问题，然后装作随意提问的样子问道："那么，你有过前科吗？你是左撇子吗？你的方向感怎么样？"嫌疑人回答："我的档案你们肯定都已经看过，那里空白得像个雪场；噢，我不是左撇子，很多朋友都可以证明；至于方向感，还不错，最起码我知道左右在哪里。"

警员再次问道："或许你是对的，但我们想再听你描述一下案发当天你回家的经过。"嫌疑人又再次描述了一下自己回家的经过，并且在说到自己"右转之后，我就直接回到了家门口"时，又做了一个左转的手势。于是，警员将审讯录像拿给了 FBI 犯罪心理研究部。经过分析，研究部人员指出，嫌疑人在说谎时做了一个典型的说谎举动。这让警员立刻明白，嫌疑人是在撒谎，于是警员再次对嫌疑人进行了细致的审讯和调查。最终，在强大的压力之下，嫌疑人对自己的犯罪行为供认不讳。

从整个案件来看，尽管嫌疑人所有的言辞都合情合理，但他的行为举止还是出卖了他。也就是说，FBI 从他的行为举止上泄漏的信息读懂了他的"心"，找到了破解案件的突破口。由此可见，人们的肢体语言，往往比人们的嘴巴里说出的话更加诚实，也更令人信服。在日常生活中，人们通过语言沟通进行信息交流只是人际交往的一部分，而另一部分则是通过行为语言来完成的。很显然，在人们的沟通活动中，非语言的行为交流也是传递信息的一种方式，并且是不可忽视的方式。FBI 警探从来不会忽略罪犯或嫌疑人的各种行为动作，因为他们清楚地知道，罪犯或嫌疑人一个看似不经意的举动很可能就是破案的关键。

人们的身体所表达的话语虽然是无声的，但却比语言更加鲜明准确，所以是不可忽略的。在人与人之间的沟通中，如果你想了解对方的真实个性和对方言辞里的真实含义，那么你就要懂得察言观色，以便及时解读对方行为举止中所透漏的信息。因为在人际交流中，有些时候，虽然别人的话听起来没问题，但实际上未必真的是那么回事。只要你懂得察言观色，就能从他们的话语中找到其说谎的"小动作"。比如，一个人找好友借钱，对方答应借给他钱，却下意识地摇了摇头，这就说明这个人并不是心甘情愿地借钱给好友，只是因为面子问题才不情愿答应的。

由此可见，在很多情况下，人们只通过语言是无法"看透"别人内心的真实想法的，必须把对方的话语和行为举止结合在一起，才能看到对方真实的性情。FBI 探员往往能"解读"罪犯者行为上的信息，并能分析出其犯罪心理。事实上，他们对普通人的了解比一般罪犯更加精准、详细。

FBI 察言观色的技巧应用到生活中时，作用也非常大，不仅可以用于解读他人真实个性和心理状态，更加重要的是，还可以用于解读自我。对此，FBI 资深犯罪心理学家费单·加祖里奇说："通过对他人行为举止的观察，

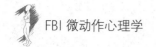

我们可以清晰地了解对方的个性特点，这是对别人心理的一种解读。但它的作用不仅仅如此，人们还可以把这种技巧运用到自身，用于解读自我，甚至能起到治愈自我心灵的作用。"

在这个世界上，没有比自己更了解自己的人了，而且每个人心中都有不愿意被他人了解的空间。大部分人会通过外表来掩饰自己的真性情，以避免他人通过观察自己的行为举止，窥探到自己的内心世界，为此甚至会做出一些无意识的掩饰举动。费单·加祖里奇指出，大部分犯罪分子都有一定的心理缺失，或者因负面心理情绪的积累产生的作案念头。如果他们能够在犯罪前积极地解读自我、认识自我并治愈自我，那么就会避免做出一些不法的行径。所以说，每个人都有必要学习察言观色的技巧。

有时候，FBI 为了顺利破案会运用察言观色的心理战术，为一些心理有问题的罪犯或嫌疑人进行治疗。对此，费单·加祖里奇称："罪犯的心理问题在不严重的情况下，基本上是有自省能力的，这也就是人们常见的那些作案之后自首的人，这是因为他们清楚地知道自己做的事情是错误的，并且在做之前就有承担的意愿。但也有一些人虽然知道犯案是不良的行为，却在作案之后逃匿，这是因为虽然他们有自省的愿望，但是却找不到那扇门。"于是，FBI 在捕获罪犯之后，会将适用于普通人自省以及注意自我行为的技巧告诉他们，以诱导罪犯正面面对自身的罪行，将隐藏的真实动机供出。

5

从掰手指节动作隐藏的性格特征

在非语言的肢体行为研究中，美国心理学家威特金认为，每个人其实都有他独特的习惯性动作。一个人的习惯性动作和他的禀性脾气一样，同样是经过一而再再而三地从事相同的事情、不断重复、不断思考同样的事情所形成的，所以如果能够及时捕捉到一个人的习惯性动作，对于了解这个人的性格，甚至他所从事的职业，都有着至关重要的意义。

例如在生活中，每个人都会有这样的经历，在忽然想起了某件事后会突然抬起手在脑门或头顶上拍一下，这其实就是一种意识习惯。再比如更为简单的肢体行为，当一个人肯定或是否定一件事情的同时，会点点头或是摇摇头以示回答，当然，如果一个人经常性地摇头晃脑，那一定是得了什么病了。抛开这种看法，从人的行为心理学角度出发，美国新行为主义心理学家斯宾塞通过研究表明，这种习惯性摇头晃脑的人往往都十分自信，甚至是有些唯我独尊，他们很会在社交场合中表现自我，但常常又会遭到其他人的厌恶。在工作中，他们给人的印象也显得过于挑剔，即便是别人在帮他们做事，哪怕是做得再好也会令他们有诸多的不满意。FBI 在执行任务时经常会遇到这种性格的人，而对付这一类犯罪嫌疑人，FBI 探员维里斯认为，既然他们喜欢从别人做事的过程中去寻找启发，那么正好可以利用这一点，在问讯中故意给他们一些错误的提示，将其引入设置好的陷阱之中。同时维里斯还指出，这种人对事业往往有很执着的精神，所以FBI 无法轻易从精神上去摧毁他们。

还有的人喜欢边走边笑或边说话边打手势，斯宾塞认为，这两种人虽然都属于外向性格的人，却有着本质区别。前者属于那种随和的、对生活和工作的要求并不十分严谨的人，而后者则有着非凡的蛊惑力和领导才能。FBI 探员维里斯说，在同犯罪嫌疑人的周旋之中，遇到这种性格的人时绝不可以掉以轻心，因为他们拥有良好的口才，并经常会做出一些在外人看来几乎是无法做到的事情。他们在说话时，会习惯性地做出一些摊开双手、拍打手掌或是摆动手臂的动作。在心理学家斯宾塞眼里，这些看似轻描淡写的动作其实是一种辅助性的动作，其目的就是为了能够让别人更为相信自己所说的话。FBI 维里斯认为，这种人虽然有着非凡的领导才能，做事果断，自信心强，但他们却有着明显的性格缺陷，那就是表现欲很强，尤其在女性面前，他们往往更热衷于充当护花使者的角色他们真诚的本性使他们一旦认定某个人是可交的，就会立刻把他当作自己的知己。

FBI 维里斯表示，与喜欢边说话边打手势的人有着共同性格缺点的是喜欢掰手指节的人，无论他身边有没有人，或是对方是不是在和他谈正经的事情，这种人总会不停地掰动自己的手指节。虽然这种行为会给人不礼貌的感觉，但这类人的感情世界往往很丰富，也许和异性见上一两次面就会爱上对方。在面对这类犯罪嫌疑人时，FBI 探员维里斯认为，别看他们表现得常常十分另类，甚至很容易钻牛角尖，但他们有着很好的思维逻辑，而且精力旺盛，只要他们认为是自己心里喜欢做的事，就会不顾一切地将其进行到底。但是这类人却有着一个致命的性格缺陷，那就是对工作的环境过于挑剔，而这一点，往往会让他们之前所有的努力在不知不觉中全都化为乌有。

　　2008年，为了一起商业间谍案的调查，FBI探员维里斯来到托皮卡市警察局，找局长要犯罪嫌疑人的个人资料。当时，局长有事正在外面，于是他打电话告诉维里斯先去警长那里消磨一会儿时间。放下电话后，维里斯就叫来一名警员带他去找约翰警长。在警察局转了半天后，这名警员才把他带到了审讯室旁的一间屋子里，并告诉他约翰警长正在审讯一名嫌疑犯，一会儿之后就可以见到他了。警员走后，看着监视录像里的约翰警长和那名嫌疑犯，维里斯渐渐失去了耐心，于是索性推门走进了审讯室。约翰警长赶快迎过来和维里斯简单寒暄了几句，然后告诉他再安心等等，审完犯人后马上过去陪他，警长还说他已经审了这家伙足足三个小时了。到底是个什么人竟然被审了这么久还没搞定？想到此，维里斯立刻来了精神，在听完约翰警长的陈述后，维里斯反手将约翰推了出去。

　　接下来，维里斯对这名小偷展开了审讯。起初他有些怀疑这名小偷的精神出了问题，因为每次在他提问时都发现，这名小偷的目光在不住地打量着周围的环境，而且做出翻白眼的表情。而在回答他提出的回答时，又显得极不耐烦。随着问题的深入，小偷终于对着维里斯发火了"你这是什么工作态度？"之后就再也不回答维里斯的提问了。这让维里斯有些百思不得其解，他望着眼前这个跷着二郎腿的男子，眼前竟忽然一亮。因为他看到这名小偷噗地一声将嘴里的烟吐到地上，然后将两只手聚拢在自己的脖子附近，一只手用力掰弄着另一只手的手指节，使其发出嘎吧嘎巴的骨节声响，这在安静的审讯室里显得格外刺耳。这时，维里斯忽然问道："先

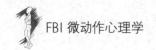

生，你是不是对这里的装饰不太满意啊？"小偷答道："那当然。"

维里斯轻轻一笑，然后出去叫来了警长约翰还有其他几名警察，并且让他们全部换上了便装。几个人按照那名小偷的要求，将桌子换成了一张大的老板桌，又放了一组沙发和小柜子，然后约翰警长又亲手为这名小偷端来了一杯咖啡和一盘糖。音乐声缓缓起来的时候，维里斯从桌上取下一支雪茄递到小偷面前，打着火机为他点着雪茄后，维里斯随口问了一句："哦，对了，据我所知那家公司的保险柜是新换的，你怎么那么容易就把它打开了？"小偷吐出一口烟，看着周围的环境笑道："看来你真是个大傻瓜。保险柜再保险，我只要搞到开保险柜的密码不就变得容易了吗？你要知道，为此我要向公司的那个家伙让出所得的 40% 作为酬劳的。"小偷洋洋得意地说着，等到他醒悟过来时约翰警长早已带着手下按着小偷的指引将那位向他提供密码的同伙抓获了。

FBI 探员维里斯观察到小偷喜欢掰手指节，从这一动作了解到他有对工作环境的挑剔性格，所以根据这一点按着小偷的要求重新布置了一下审讯室。小偷看到自己满意的环境后一时竟忘乎所以，最终将原本警方毫无证据的一起偷窃案在 FBI 探员维里斯的介入下，轻易就让罪犯招供了。

第八章　习惯动作：

FBI 告诉你从生活习惯中看懂人心

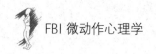

1

从习惯动作中读懂他人的心理状态

社会学习理论的创始人阿尔伯特·班杜拉以及其他一些心理学家通过研究发现，几乎人们所使用的每一件东西都有助于其做出表明自己情绪、性格特征以及内心世界的动作姿势。而那些善于"察言观色"的人，正是通过观察他人在使用某件物品时所做出的相关动作来洞察其内心的想法和情感。FBI 联邦探员尤其赞成心理学家们的这个观点，因为他们对此深有体会。以下就是 FBI 根据人们在使用眼镜时所做出的动作进行的分析和研究结果：

（一）如何识别和眼镜有关的身体动作

FBI 联邦探员布朗·博尔发现，人们在使用眼镜时做出的习惯性动作中，最常见的就是将一只眼镜腿放在自己的嘴里。一般而言，一个人故意把某些物品放在嘴唇上或者是直接放进嘴里，是为了重温婴儿时期吮吸母乳时所获得的安全感。也就是说，一个人故意将一只眼镜的腿放进自己的嘴里，就是为了让自己在心理上获得一种安全感，这同孩子吮吸手指、成人叼含烟斗是同一个道理。

布朗·博尔进一步指出，某些犯人在接受审讯的时候，特别是审讯较为激烈时，或者是当审讯人员说中了犯人的要害时，就会致使犯人在审讯的过程中感受到强烈的不安和恐惧，这时，被审讯的一些犯人便会要求审讯人员给他一根烟抽。而事实上，在这时要烟抽的举动并不是因为他们烟瘾来了，或者说并不仅仅是他们烟瘾来了那么简单，更重要的是他们在将烟放进嘴里吮吸的那一刻能给自己带来一些安全感。美国最为杰出的心理学家之一的詹姆斯·卡特尔认为，这种动作其实也是一种自我安慰心理。

除了故意把眼镜腿放在嘴边或嘴里这一动作外，还有很多与眼镜有关的身体语言的表现形式也能够反映出一个人的思想情绪或心理特征。美国实验社会心理学家琼斯指出，当一个人戴着眼镜与人交流时，总是习惯性地用手将眼镜往上抬一抬，这或许是他觉得眼镜太大有些往下掉，需要往上提一下，才能更加清晰地看清事物，又或者只是习惯了这种动作。但是，这个习惯性的动作在别人看来，他却是一个勤奋、有学问的人，尤其他和别人第一人见面时会给对方留下这样的感觉。而在美国行为心理学家华生的一些问卷调查中也证实了这一点——在参与调查的人群中，有92%以上的被调查者认为，那些总是将眼镜往上提的人比不戴眼镜或者不做这个动作的人看上去要聪明和睿智很多。

曾任美国联邦调查局局长的路易斯·J·弗里奇曾指出，一些罪犯为了迷惑和蒙蔽FBI联邦探员的眼睛，他们往往给自己戴上一副眼镜，并且在接受问讯的时候总是时不时地将眼镜往上提，装出一副"我很有学问""我很睿智"的样子，想让FBI探员们误以为他们是相当有学识和睿智的人。因为据FBI一项罪犯调查结果显示，这类人的犯罪机率也要小于一般人。弗里奇进一步指出，能够做出这种动作来迷惑和蒙蔽审讯人员眼睛的罪犯，往往是残忍的谋杀犯、抢劫犯，且以连环杀人犯居多。虽然他们其中有的

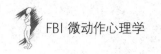

人的确是聪明之辈，但一点也不睿智，只能说聪明反被聪明误。

聪明且 "久经沙场" 的 FBI 联邦探员们是不会被他们迷惑的。FBI 联邦探员安德鲁·瓦希尔解释说，这种动作给人的感觉不会持续太久（一般不超过 5 分钟左右），一旦与人进行正式交谈之后，一个人是否聪明和睿智就会 "原形毕露"。所以，犯罪嫌疑人选择这种方式迷惑 FBI 是不明智的。而唯一明智的选择也只有在极其简短的面试中，才可以考虑故意买一副眼镜并做出该动作，这可能会给面试官留下一个好的印象，但比较老练的面试官也很难被此欺骗。如果你选择戴的是一副深色或者边框过大的眼镜，这极有可能让你看上去就不那么聪明了，因为这样的眼镜给人一种相当严肃的感觉，甚至老气横秋，没有灵性。不过，在一些商务或社交活动中戴上一副这样的眼镜，往往会给人一种你受过良好教育、稳重且真诚的印象。美国社会心理学家凯利认为，这可能是因为商务人士所戴的眼镜都倾向于边框较大的类型的缘故。

（二）与眼镜相关的身体语言策略

FBI 高级探员罗伯特·汉森指出，与眼镜相关的身体语言除了可以用来彰显出一个人的内心世界外，还有一个极其重要的作用，那就是帮助一个人在某些时候拖延时间。

利用与眼镜相关的身体语言来达到拖延时间的目的，在很多场合中是十分常见的，其中屡试不爽的动作就是故意将眼镜腿放在大腿上，或者放在眼前的桌子等物体上，并且轻轻敲打大腿和桌子，给人一种此人正处于考虑、思索或等待的状态中的感觉。比如，在 FBI 审问犯罪嫌疑人时，在催促犯人交待同伙或者犯罪事实的情况下，一些犯罪嫌疑人总想着拖延时间，而一些戴眼镜的嫌犯往往就会将眼镜腿放在自己的大腿上，并做轻轻敲打的状态，以此达到拖延时间的目的。

　　汉森进一步指出，不仅仅在 FBI 的审讯过程中，犯人会利用眼镜做出这种动作。在现代没有硝烟却异常激烈的商务谈判中，当一方要求另一方作出最后的决定时，如果被要求的一方还没有考虑好是否要接受对方出具的条件，或者对对方的某些地方存在着质疑时，他们也会把眼镜的一条腿放在自己的大腿上（在戴眼镜的情况下），并时不时地敲打着大腿，一副"我正在考虑是否要接受你的条件"的样子。有时，他们还会若有所思地点点头，但不会给对方做出明确的答复。因此，在商业谈判中出现了这样一个颇为有趣且滑稽的现象：一些原本眼睛不近视本不需戴眼镜的商业人士在出外进行商业谈判前，都会给自己佩戴一副眼镜。为了不让对方发现任何破绽，他们通常都给自己佩戴货真价实的眼镜，目的就是为了在商务谈判中遇到难以抉择的问题时，好将眼镜取下放在自己的大腿上或眼前的桌子上，给对方一种自己正在思考要不要答应对方条件的感觉。其实，其最终目的就是为了拖延谈判时间，或者在想更好的应对方法。当然，也有一些商业人士为了谈判时拖延时间买假眼镜戴，因此也弄出了一些啼笑皆非的事情。

　　FBI 另一名高级探员詹姆斯·邦德指出，除了上述的这种常见的动作用以拖延时间外，一些人还会采用另一种伎俩来获得更多的思考时间，即故意不断地将眼镜摘下，然后慢条斯理地擦拭镜片。托尔曼认为，这种动作和上述那种拖延时间的动作较为不同。将眼镜放在大腿上，且轻轻敲打，看上去有种轻视他人的感觉，而做出这种擦拭眼镜的动作的人表明其内心确实很无奈，此时他或许正在思考要不要接受某种建议和条件。因此，一般而言，有丰富经验的 FBI 联邦探员或者商业谈判专业人士在看到对方做出此种姿势后，往往不会催促对方马上给出明确的答案，而是安静地坐在

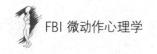

那里等待对方的答复。

最后，邦德一针见血地指出，根据上述利用眼镜所做出的动作，了解了对方内心真实的想法和意图之后，便可以在各种审讯或谈判等各种场合中相机而动了。比如，犯人若是在擦拭镜片之后又迅速地戴上眼镜，且没有在短时间内再取下擦拭，则说明该犯人的思考结果有利于审讯，这时办案人员就要牢牢抓住这个机会，趁机大力说服犯人将案情如实告知警方。如果这种情况是出现在商业谈判中，则说明其打算进一步进行谈判，并有意接受对方的建议和条件，但心中可能还存在着一些质疑，或者想再看看对方的各种商业数据等。在这种情况下，作为谈判的另一方就应该主动挑明，询问对方对哪些问题还存在着疑惑，同时将己方的相关数据和资料传递给对方。

值得提醒的是，《我的 FBI 生涯》一书的作者同时也是 FBI 资深探员的弗里曾指出，如果一方在谈判进行了一段时间后突然把自己的眼镜摘下叠起，放在一边，这说明他已经不再打算和你谈判下去了。因为，这种动作通常表示疲倦、烦躁等心理状态，这个时候，如果你还想继续谈下去肯定会事与愿违。

2

暴露性格特征的喝咖啡方式

　　FBI 心理专家杰森·哈斯勒姆发现，人们喝咖啡的方式其实和人们的性格有着密切的关联，为此他还做过一项颇为有趣的实验，即喝咖啡的实验。实验是秘密进行的。哈斯勒姆邀请了几位朋友一同去某咖啡店喝咖啡，并仔细观察这几位朋友喝咖啡的方式。不仅如此，他还用了近半年的时间，去不同的咖啡厅，观察不同的人喝咖啡的方式，并争取和其中一些人取得交流。

　　哈斯勒姆通过长期观察发现，由于在味道和口感上的选择不同，人们喝咖啡的方式也有所不同，而一个人喝咖啡的方式会不经意地将这个人的性格和心理特征暴露出来。

　　哈斯勒姆指出，喜欢速溶咖啡的人属于珍惜时间、节约时间的一个类型，他们不会轻易浪费一点时间。在工作甚至日常生活中，他们总喜欢一蹴而就，希望能够尽快看到结果。这表明，这类人拥有急于求成的心理。但往往欲速则不达，因而他们在这种心理作用下取得的结果通常并不太乐观，而且这样的心态还容易把他们弄得筋疲力尽。

　　由于这类人对工作与生活缺乏足够的耐性，因此他们无法从事一些需要精益求精的工作，更难以设计出一个长远的计划，以及长时间地朝着一个目标奋斗。即便是有了一个长远的目标，他们也很难坚持下去，总是半途而废，所以他们往往成就不了什么大的事业。但是，他们总会在很快的时间内将自己安抚好，因此，这种人一般不会陷入某个无法自拔的泥沼。

相反，喜欢喝过滤咖啡的人是最不懂得珍惜时间的人。他们甚至经常把浪费时间当成一种应有的享受，而且他们还认为这是高雅、脱俗的生活品味。这种人是绝对的完美主义者，对自己拥有或已经拥有的都要求绝对的完美性，并且舍得为了实现这些完美而大把地投入情感和金钱。虽然他们很期待这种投入会有所回报，但大多数情况之下，他们所期待的结果都不甚理想，现实毕竟是不完美的。

美国社会心理学家多奇认为，就这点而言，他们具有严重的幻想心理。这种幻想心理可能是由于其内心某种长久的愿望或期待一直没能得到实现，从而在内心产生了一种郁结，当这种郁结越来越强烈又得不到有效解决时，便会出现严重的幻想心理。这种幻想心理从某种意义上来说，也是他们的一种自我安慰心理，即依靠自我调节、自我解脱来实现心理平衡。多奇指出，每个人都需要得到安慰，有的人依靠在他人处得到安慰，有的人则选择自我安慰。

喜欢亲自磨咖啡豆喝咖啡的人，通常都是个性鲜明、追求独立自主的一类型人，他们不喜欢受到来自他人或外界的约束和摆布。他们历来自信心十足，甚至大有一种自我崇拜的心理。不仅如此，他们也很有胆识，似乎从来没有不敢尝试的事情，而且他们更愿意接受一些一般人不敢接受的挑战。虽然这在一些人看来是一种莽撞的行为，也经常会让亲朋好友为他们捏一把汗，但他们通常能够成为挑战的成功者。

发展了社会学习论的美国心理学家罗特认为，选择亲自磨咖啡豆方式喝咖啡的人有一个非常显著的特点，即喜欢自食其力（这是一种心智成熟的表现）。在这类人看来，无论是男人女人都应该自食其力。或许正是因为他们有了这种成熟的想法，所以他们一般经济都比较独立，也有着良好的心态和理性思考的能力。

在面对一些突如其来的变化时，他们能够凭借自己的能力将之处理得比较妥当，不劳而获的人是这类人最鄙视的一类人。

喜欢用酒精炉加热咖啡的人，拥有一般人所不具有的浪漫情怀。他们不喜欢太单调的生活，总是希望生活中有不断的惊喜出现，因为这会令他们无比兴奋。

此外，他们还具有强烈的好奇心，对所有的事情都具有高度的探知欲。因此，这类人总是容易受到外界人群行为的影响，并将这种影响在自己的知觉、判断、认识、行为上表现出来，这也就是人们所说的"从众心理"。毋庸置疑，这类人很少能够保持自己的独立性。

美国心理学家卡尔·哈唯指出，这类人还具有一种"怀旧心理"，并且总是想营造出一种怀旧的气氛，渴望重温往日的情调。而具有"怀旧心理"的人思维通常都比较保守，为人行事也总是按照传统的思想和陈规旧俗进行。尽管他们也有着非常美好的理想，但总是畏首畏尾，难以付诸实践，因此实现的可能性很小。

而喜欢用电热器煮咖啡喝的人拥有一个显明的特点，即具有忧患意识，他们总是未雨绸缪。他们往往在事情还没有发生之前就已经做好了相应的准备，所以在工作与生活中，这类人很少有手忙脚乱的情况发生。由于无论是在工作、学习还是社会活动中，他们处处表现得谨小慎微，而且在和

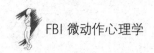

别人发生利益冲突时也不轻易冲动行事，所以这使得他们有极好的人缘，也深得同事和上级的喜爱。

美国当代心理学家斯金纳指出，这类人一般都拥有热情、大方、温和的性格，特别是对待自己的亲朋好友时，往往能够在对方需要帮助的情况下伸出援助之手（帮助对方克服困难）。

他们的这种行为是发自内心的，不带有任何目的性，这也是他们能够赢得对方尊重的原因。

3

从不同的阅读习惯解读他人的性格特征

　　马休斯·迈克尔不仅是 FBI 的一名高级探员，他还一直致力于性格与心理的关系的研究工作。他认为，如果从阅读习惯上而言，不同性格的人有不同的阅读习惯。比如，买回一本书或是一份报纸后，有的人会迫不及待地去阅读，而有的人则可能会先把它放在一边，有闲暇时间了再去阅读。之所以会出现这样不同的情形，主要原因是：不同的人因性格不同在阅读方面所表现出来的习惯也不同。所以说，通过对阅读习惯的观察，是可以发现一个人的性格和心理特征的。

　　迈克尔指出，一些人买回一本书或一份报纸后，不论时间、地点、环境，总是迫不及待地进行阅读，这类人的性格多是外向型的。他们的性格大方开朗，真诚豪爽，在对工作与生活的态度上也是乐观积极的，而且他们有着充沛的精力和热情，是不甘于悠闲的好动分子；他们的头脑通常都较为聪明灵活，且具有一定的随机应变能力。但他们从来不善于伪装自己，也时常喜怒形于色，没有太多的隐私；这类人的思想比较前卫，对于新鲜事物的接受能力也比一般人强，所以深得上司的欣赏。但是，这类人有一个非常大的缺点，即做事时总是雷厉风行。他们虽然干劲十足，但做事时

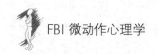

很少经过冷静思考后再行动，这类人缺乏必要的稳重和沉着，因此难以取得令人满意的结果。

有些人买回一本书或一份报纸后会先将其放在一边，把眼下的工作做完后，在没有任何情况的打扰下，再去静静地、仔细地阅读，在看到较好的内容时还可能将之剪下并收藏起来。这一类人大多数属于内向型性格，他们很多时候都沉默寡言，也不太善于社交活动，所以人际关系不是特别好。但是，这类人很有自己的思想和主见，他们不鸣则已，一鸣惊人。他们由于很注重现实，所以很少会产生一些不切实际的想法，更不会轻易做出冲动的行为；他们的自我约束能力较强，办事也较认真，不会半途而废，而且总会将事情一件一件地按先后顺序、轻重缓急地做好。

迈克尔指出，这类人也有一个相当大的缺点，那就是对周围的人或事一般没有太大的热情，他们喜欢独来独往，不希望从别人处获得什么。换句话说，这类人思想比较封闭，不大愿意与别人互换意见和知识，而这样就容易导致其思维和见识过于闭塞。

有一种人则是在买回一本书或读物之后，先是大致地浏览一下，然后将之放在一边又不看了，因为他们很难静下心来将其仔细地阅读完。这种人性格大多外向，生活态度还算乐观积极，有一定的幽默感，且兴趣广泛。但是，这类人为人做事有一些随性，且没有耐力，做任何事虽然很积极，但总是容易半途而废。美国心理学家布鲁纳曾说，没有耐性的人，即便是做事再积极，也不会受到别人的欣赏和器重，因为很多人看重的不是过程，而是最终结果。其实，没有耐性的人做事往往不会取得好的结果，或者最终连个结果都没有。

还有一种人，在买回一本书或读物后放在一旁不看，非要等到自己无事可做，或者心情极佳又或者心情极闷，甚至突然想起了的时候，才把它们拿出来阅读，权当是一种解闷的消遣或娱乐的方式。这一类型的人大多数性格较为散漫，喜欢自由自在，不喜欢受到任何约束，而且性格中还带有一种多愁善感的因素。迈克尔指出，从他们将书、报等读物买回来放在一旁不看的态度，可以看出这类人有一个显著缺点，那就是做事缺乏坚定的毅力和果断的勇气，即做任何事都拖拖拉拉，总是下不了决心。这类人很难有大的成就，尽管他们有着丰富的想象力甚至充沛的精力，但由于他们在做任何事情时习惯一推再推，甚至推到最后还懒得去做，直到把要做的事情都忘得无影无踪了。

美国心理学家卡尔·哈唯指出，这类人总是异想天开，有严重的幻想心理倾向。尽管他们内心充满了幻想，自己却往往意识不到，因而在生活中总是遭受打击。或许是多愁善感的性格使然，他们总喜欢抱怨，而且情绪波动很大，因而常常做出一些不合乎逻辑的行为，比如将某个读物买回来后却放在一边不阅读，而是因心情而定，甚至什么时候想起来再拿出来进行阅读。

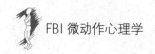

4

从握酒杯的动作中探寻个性特征

在FBI联邦探员眼中，人的任何一个动作，即便是习惯性或不经意间做出的动作，都能折射出不同的人性。《FBI教你破解身体语言》一书的作者之一波茵特认为，从人们手握酒杯的动作中可以发现其心理、性格以及人性特征，通过对这一动作的观察，可以帮助人们更好地去了解他人。美国行为主义心理学家、新行为主义的代表人物伯尔赫斯·弗雷德里克·斯金纳通过实验研究，对此给出了相同的观点。

波茵特是美国著名的心理分析专家。他指出，一般而言，如果一个男性喜欢紧紧握住酒杯，同时用拇指紧紧按住杯口，即可认定这样的男性性格外向、直爽，其与那种扭扭捏捏、斤斤计较的人截然不同，而且他们也最瞧不起这种人。在与人相处时，他们会非常友好、热情、坦率，因而深受朋友们的喜欢和尊重。FBI心理分析专家还指出，这类人非常有耐力和魄力，敢说敢做，但也正因为如此，他们有时显得比较莽撞。

如果一个男性喜欢用手抓住酒杯，则说明其性格较为内向。不过，这类人的逻辑思维较为严密，喜欢静静地思考问题，因而冷静是他最明显的性格特征。人们不妨在生活中仔细观察一下就会发现，喜欢用手抓住酒杯的人时常呈现出一副思考状。这类人在与人交往相处时大都表现得若即若离，不会与对方走得太近，也不会与对方离得太远。这类人的朋友一般不会太多，但与之交往的往往都是挚友和益友，他们很少有"损友"。

如果一个男性喜欢把杯子紧握在掌心之中，同时用拇指扣住杯子的边缘，则表明其性格比较柔和，为人处事较为忠厚，且具有较为开阔的胸襟。但这类人通常较为谨慎，在人际交往中，他们看上去好像不太容易接近和相处。但实际上，并不是那么回事，当你对他们的个性了解后就会发现，他们是相当坦诚和稳重的人。而且这类人在做事时，非常有主见。不过，值得提醒的是，如果你试图去改变他的做事方式，将会是一件非常困难的事情，除非你有足以说服他的信心以及百分百充足的理由。

如果一个男性喜欢用双手捂住杯子，则说明其城府相当深，且善于伪装自己。这类人在和他人交往时，尽管总是笑容满面，但实际上他们满心的算计，有时甚至毫无情味。他们非常善于伪装自己，不会轻易地在别人面前暴露自己的信息，尤其他自身的弱点。他们也从不喜欢将自己的事情告诉朋友，因为这类人防备心理极强。所以，他们的知心朋友往往屈指可数。美国心理学家凯根指出，这类人其实外表看似坚固的堡垒坚不可摧，其实内心相当脆弱，也正因为如此，他们才将自己武装得严严实实，就像他们紧紧捂住杯子那样。

同样，观察一个女性握酒杯的动作，也可以知晓她大概的性格和心理特征。值得一提的是，女性握酒杯的方式和男性截然不同。

如果一位女性喜欢玩弄手中的酒杯，则说明其性格较为活泼、爽朗、直率，且具有较强的自信心和上进心，内心很坚强，是非观念也相当明确。一般而言，这类女性心胸较为宽广，在与人交往和相处时不会斤斤计较，

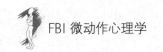

只要不是原则性的问题，即便是对方不小心冒犯了自己，她们也不会计较。美国人格心理学家米歇尔认为，这类女性在做事时不会拖泥带水，是属于那种非常利落和干练型的女性。

如果一个女性喜欢玩耍手中的空酒杯，则说明其具有较强的虚荣心，喜欢表现和炫耀自己。有时候，她们还有点任性，甚至看上去有些飞扬跋扈。尤其在参加一些宴会或聚会时，这类女性极有可能会大胆地向令自己心仪的男子表达好意或卖弄风情，以吸引对方的注意。如果她们发现对方对某个女子有好感，还会毫不客气地贬低甚至侮辱那名女子。FBI 资深探员马文·卡林斯指出，在与人相处时，这类女性往往表现得具有较强的针对性和排斥性，同时，她们喜欢结交比较有权势的人。不过，由于强势的性格以及偏激的心理特征，往往使其他人对她们不理不睬，而她们也会因此郁郁寡欢。所以，很多时候她们是形单影孤的。

如果一个女性喜欢把杯子放在手掌上，一边喝酒，一边滔滔不绝地跟对方交流，则说明其性格非常开朗外向，并善于交际，对生活的态度也相当乐观、积极、向上。

美国心理学家布鲁纳认为，这类女性通常都较为聪慧和机敏，并且具有一定的幽默感，和她们在一起会觉得很开心。同时，这类女性还具有较强烈的表现欲，比如她们时常会故意制造一些意外和惊喜，给人带来耳目一新的感觉，以吸引他人注意到她们。除此之外，这类女性在任何场合，都能够将自己很快地融入到新的集体和环境当中，所以人际关系比较好。

另外，由于她们一直将"言行一致"作为人生的信条，所以很容易取得别人的信任，也容易获得成功。

一个女性如果经常一只手紧握酒杯，另一只手则无目的地划着杯沿，则说明这个女性喜欢沉思，且为人处事较为稳重，不是那种脾气暴躁冲动型的女人。这类女性有较为独立的个性，一般不会轻易向世俗低头，具有一定的叛逆心理。

美国认知心理学家奈瑟尔认为，这类女性比较喜欢敞开心扉，结交朋友，对人也较为真诚、率直，所以人缘还是相当不错的。尽管如此，她们却不喜欢张扬，更不喜欢出风头，只做好自己该做的事。

FBI 高级探员罗伯特·汉森指出，如果一个女性喜欢握住高脚酒杯的脚，同时做出食指前伸的动作，则说明这个女性的性格，自负的成分占据了一大半，即她通常狂妄自大，不把别人放在眼里。同时，她也很狡猾，只要是她认为有利用价值的人，她都会想方设法去接近对方，而且她只对有钱、有势、有地位的人感兴趣，对那些比自己还差的人往往会嗤之以鼻。汉森认为，这类人的人际关系相当糟糕，做任何事情都会缺乏责任心，所以容易出现虎头蛇尾的状况。而在遇到挫折和失败时，也很容易半途而废。因此，需要提醒的是，这类人在走投无路或受到某种诱惑时，较为容易走上犯罪的道路。

美国语言学家和语言哲学家乔姆斯基认为，无论是在哪种情况下，做到充分了解一个人的性格和心理特征都是有必要的。而一个人的性格和心理特征通常体现在一些习惯性的动作上，就像握酒杯的习惯性动作。然而，很多人忽视这种习惯性的动作，或者认为它们没有任何意义。其实不然，乔姆斯基曾明确指出，这些习惯性动作是可以帮助人们了解他人的性格特征和内心世界的。

在 FBI 审讯过程中，根据犯罪嫌疑人的习惯性动作去了解其个性尤为重要。

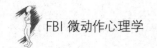

因为如果不了解犯人的性格特征和内心世界，就如面对一座没有任何缺口的堡垒，想攻破它也不知道该从哪里下手。而了解了一个人的性格特征以及内心世界，就如找到了堡垒的弱点，可趁势迅速将其攻破。所以，FBI 语言学家梅森提醒大家，一定不要忽视他人在日常生活中一些习惯性的小动作（比如，握酒杯的动作），因为它们能够折射出一个人的性格和心理特征。

5

对不同音乐的喜爱揭示出不同的性格特征

　　每个人都有自己的休闲娱乐方式，有的人喜欢跳舞，有的人喜爱绘画，有的人喜欢慢跑，有的人则喜欢散步，也有的人喜欢静静地听音乐。美国心理学家卡尔·兰塞姆·罗杰斯曾经说过："任何一种娱乐方式都代表着人的一种性格规律。"FBI 的心理专家们也指出，五花八门的休闲娱乐方式能够折射出人们不同的性格特征。FBI 心理专家杰森·哈斯勒姆更是指出，听音乐的休闲娱乐方式最能体现出人的性格规律。对此他这样说道："音乐是全人类共通的语言之一。生活中离不开音乐，否则生活将变得索然无味。更重要的是，每一个人都曾有过被某一首音乐作品感动的经历。音乐是一种纯感觉性的东西，听音乐的人喜欢听哪一类型的音乐就表示他在这一方面的感觉相当好，而这种感觉很多时候又与一个人的性格紧密相连。"比如：

　　（一）喜欢听古典音乐的人

　　FBI 高级探员约翰·谢弗尔认为，喜欢听古典音乐的人一般比较理性，因而他们比其他人更加懂得自律和自省，而且不喜欢和不太理性的人交往。美国认知心理学家洛夫特斯指出，这类人的内心是非常孤独的，其主要原

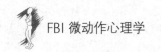

因是他们的性格存在着较强烈的孤僻性，因而他们很少主动和其他人交往，从来没有想过走入谁的内心，这类人也不会轻易让别人走进自己的内心，去了解和认识他们。

美国心理学家、生物反馈学说的创始人乔治·米勒曾说："性格孤僻、内心孤独的人绝大多数都喜欢并倾向于选择听具有柔和性质的古典音乐，因为古典音乐所带来的舒缓效果能够安慰他们孤独的心灵。"所以，具有柔和性质的古典音乐便成了他们选择的心灵伙伴。

（二）喜欢摇滚音乐的人

FBI 资深心理分析师威廉·冯特认为，喜欢摇滚音乐的人大多数性格比较暴躁，容易动怒。他们其中一些人可能曾遭受过心理打击，又或者对社会上某些东西感到不满，从而产生了愤世嫉俗的心理情绪。在这种情绪得不到充分发泄的情况下，他们便需要借助摇滚音乐的形式来宣泄心中的诸多不满，又或者用摇滚音乐劲爆的声音来麻痹自己的神经，以暂时忘却心中的烦恼。但是，他们通常在听完摇滚音乐之后又会感到不安，陷入更加迷茫的心理状态。

著名的发展心理学家和精神分析学家艾里克·艾里克森指出，摇滚音乐的确能够帮助人们忘却烦恼，但这只是暂时的，它所起到的作用也是治标不治本的。对于消除这类人内心的不良情绪以及改变他们暴躁性格的最根本的方法就是，他们需要找到一个人，帮助找回已经丧失或正在丧失的自我。而这一点做起来似乎很困难，因为他们只喜欢和志同道合的人交往，因此，这个人必须充分了解他们的性格和心理，对症下药。

（三）喜欢听爵士音乐的人

这类人的性格中感性化的成分居多，而理性化的成分相对少一些，因此在做事时，喜欢从自己的感觉出发，这种以情感为依据的做事方式往往容易忽略客观事实。即便别人提醒他们那样做不合适，他们也不以为然，因为他们就喜欢自由自在，不喜欢约定俗成的行事风格。由于他们一直努力追求丰富多彩的生活，因而讨厌一成不变的环境，因此，他们的生活多是由很多个不同的方面组合而成，但这些方面往往又彼此矛盾，从而给他们生活的表面笼罩上了一层神秘的面纱，使得他们在生活中具有无尽的神秘感以及十足的魅力，就像那些优雅的爵士一样。

（四）喜欢听乡村音乐的人

喜欢听乡村音乐的人大多敏感和心细，他们的性格较为多疑，不会轻易相信别人说的话；为人也比较圆滑、老练且沉稳，遇事比较冷静，不会轻易动怒。不过，尽管他们疑心较重，但性格一般较为温和、亲切，主动攻击别人的欲望性不强，且比较喜欢安定且富足的生活。

冯特指出，这类人的性格促成了他们较为明显的特征，即缺乏创新性。这一点从他们喜欢安定的生活上就可以看出，而一般喜欢安定的人都缺乏创新思维。因为他们不太喜欢改变，也很容易得到满足。可想而知，这类人一般不会有太大的作为，正如德国著名的哲学家黑格尔曾经说的那样："害怕改变的人，也就谈不上有大的作为。"

（五）喜欢听流行音乐的人

简单是流行音乐的主旨。当然，这并不是说喜欢听流行音乐的人都很简单，但它说明那些在追逐流行音乐的人是在追求一种相对简单的生活方式。这类人的性格趋于叛逆，崇尚自由自在的生活方式，不愿意受任何陈规旧俗的约束，而且他们总是想方设法地让自己过得轻松快乐一些。美国神经心理学家莱士利认为，这类人的性格虽然叛逆，而且有时叛逆起来就

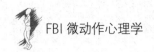

像是脱缰的野马一样不受控制，但在一般情况下，他们的内心却是很温和的，只要不过分地惹怒他们，就会发现他们是最值得交心的朋友，因为他们追求简单的性格使他们没有太多的心机。

　　冯特指出，喜欢听流行音乐的人时常会表现出对一些问题过分地关注和关心，这是因为他们内心在追求简单的同时，又对一些复杂的问题有着探知的欲望，这很容易使他人将他们的这种行为理解为具有针对性的行为，从而产生一些不必要的误会。

6

帽子下隐藏的性格特征

在 FBI 看来，帽子不仅可以御寒、遮阳，它还具有伪装自我的功能。FBI 在执行跟踪、观察等相关任务时，就经常会遇到一些以帽遮面的犯罪嫌疑人。在心理学家眼里，帽子能够帮助一个人树立某种形象，让人们看到一种全新的有悖于其真实个性的形象。

不过，由于工作性质特殊的缘故，在 FBI 眼里，一个人无论选择哪一种帽子作为装饰或是伪装工具，只要仔细去观察，都无法掩藏其内心真实的性格。这是因为，当一个人选择帽子的款式时，其实就已经向人们表白出他特有的性格特征了。

研究表明，喜欢戴礼帽的人经常会表现得他们十分热爱传统，总给人一种稳重、成熟而且颇有绅士风度的感觉。FBI 发现，这类人除了喜欢戴礼帽外，还喜欢把自己的皮鞋擦得锃亮，哪怕是天气再热，他们都从不穿丝袜，一定会选择那些具有厚实感的袜子，并且从不穿凉鞋和拖鞋外出走路。这类人表面会给人一种非常清高的印象，而且大多都很自命不凡，以为自己是个做大事的人才。但正因为拥有这种自命不凡的个性，他们很容易就能将自己的缺点全都暴露出来。因而在审讯室中，这类人很容易成为

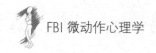

FBI 的"盘中餐"。

　　FBI 高级探员西蒙通过自己三十年的 FBI 经历发现，喜欢选择鸭舌帽的人大多是那些上了年纪的中老年人，这主要是因为鸭舌帽常常会给人一种办事稳重、踏实的印象。

　　就此而论，西蒙提醒说，如果看到了一位年轻人戴鸭舌帽的话，就一定要留意他了。尤其是在 FBI 侦察行动中遇到这类年轻人，除非他有什么特殊的嗜好（爱好戴鸭舌帽），否则一定会跟紧他。西蒙认为，这类人一般都不太喜欢那些虚华的东西，他们不会因为一些细枝末节的东西而影响大局，他们做事总喜欢从大局出发。西蒙在担任 FBI 训练营教官时曾反复告诫 FBI 新成员，与这类人周旋时要格外小心，尤其当他是一名犯罪嫌疑人的时候。因为这种人做事往往很老练，在与他人交往中，即便对方是一个毫无城府性格直率的人，他也总是会和其兜圈子，直到将对方搞得晕头转向了，他还不肯轻易向其说出他内心的真实意图。

　　在挑选 FBI 新成员时，FBI 总喜欢挑选具有这种性格的人。但西蒙也表示，具有这种性格的人其实也并不是无懈可击，因为这类人往往很自负，而高度自负的人表面上看来好像做什么都显得滴水不漏，其实只要从细节处着手，很快就会得到你想得到的信息——做大事的人很容易忽略小节。

　　心理学家认为，喜欢戴圆顶毡帽的人，给人的第一感觉就像是一位好好先生，对周围的所有事情都好像很热衷，但如果和他接触几次后就会发现，这种人好像没有自己的主见，在与人交谈中总是附和别人的观点。但在 FBI 眼中，这种印象只是人们视觉上造成的一种错觉，对于一名 FBI 探员来说，遇到这类情况时他们反而会让自己变得更加冷静——具有这种性格的人从来都不会向外人表达自己的见解和观点，他们从不轻易去得罪一个哪怕是看起来毫不起眼的小人物。美国心理学家桑代克通过研究发现，这种人在本质上其实属于踏实肯干的一类人，他们一生都会坚信：只有付出才会有收获。

在 FBI 看来，这也正是这类人的最大缺点。多年与犯罪嫌疑人周旋的 FBI 探员们发现，在这类人的思想意识里，虽然他们的性格很执着，并且痛恨那些不劳而获的人，但这种执着的性格往往会在无形之中把自己出卖了还不自知。

在 FBI 眼中，几乎所有戴旅游帽的人都是爱慕虚华的人。除了装饰之外，旅游帽可以说毫无实用价值。他们之所以选择旅游帽，不是为了刻意装饰出某种气质或形象，就是企图以此来掩饰自身某个自以为有缺陷或是不理想的东西。

FBI 心理专家认为，这是由旅游帽的功能所决定的。当人们在人群中看到戴旅游帽的人后，第一反应是：这是一个不诚实的人。通过从不同行业对具有这种倾向的人的抽查，FBI 再次证实了他们的结论。这类人大多善于伪装自我，一般人所看到的这类人的外表基本都是他们经过修饰后的外表。

这类人最大的缺点就是喜欢投机取巧，所以 FBI 对付具有这种性格特征的犯罪嫌疑人往往会利用这一点，因为每一位喜欢或善于投机取巧的人内心都不同程度地存在着一定的侥幸心理，而侥幸与危险在 FBI 眼里就像是一对孪生兄弟。

FBI 心理专家认为，喜欢戴彩色帽子的人是天生的社交家。他们天生就知道，在什么样的场合中去选择什么样的服饰和佩戴什么样的帽子，才能很快融入到他所要接触的那个场合。这种人对流行的东西往往都有着敏

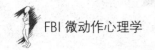

锐的目光，喜欢色彩鲜艳的东西，懂得如何快乐地去享受人生，喜欢走在时代潮流的最前沿，而且他们大多精力很旺盛。在 FBI 看来，这种人的思想都很活跃，只要是在社交或公众场合，他们极少说错话办错事，而且很会恰如其分地把握好分寸。但这种人最大的缺点就是害怕寂寞，所以 FBI 在执行任务时，只要遇到这种性格的人，就会在他孤独寂寞的时候去寻求突破。

第九章　面部动作：

FBI 告诉你读懂写在脸上的心理游戏

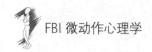

1

从脸色变化中读出他人的情绪变化

　　FBI 高级探长杰森·达瑞尔曾说过："嫌疑人的面部表情能说明一切问题，我们在调查的过程中能够从表情中看到他们的内心世界。"也就是说，人们的面部表情反映的是人们内心的情绪状态，在不同的情绪下，人的脸色也会发生不同的变化。因此，FBI 认为，学会观察嫌疑人的面部表情能给调查工作带来很多便利。因为，人的面部表情感知度是非常丰富、敏感的，虽然其他部位也能做出"表情"，但是人们第一眼发觉的往往是人的脸上的变化。

　　从人类文明发展的过程来看，面部表情变化已经成为人与人之间沟通交流不可缺少的一部分，并且，比起那些违心的言辞，表情更能真实有效地进行表达和交流活动。科学家和人类行为心理学家通过测试，得出这样一个结论：脸部的肌肉分布非常密集，大脑中的信号会不断地在面部表情的神经系统上来回传输，因此，人们的面部上会出现各式各样的表情，而这些表情恰恰是人们心情最直接的体现。其实，大脑向面部传递的信号虽然各有不同，但是表情所传递的信息却作为一种国际通用的交流工具被大多数人所理解。也就是说，人们可以从面部表情的变化中读懂对方心理的

"晴雨表"。

表情能传递人们心理情绪的信息，这是人所共知的事情。对此，FBI 指出，并不是所有的脸部表情所传达的信号都是真实可信的，因为高明的说谎者可以有意识地去控制自己的面部表情，以迷惑 FBI 探员的审问。所以说，有些表情所传达的信息是带有欺骗性质的。比如，从比喻人们伪装自己的描述，如笑里藏刀、两面三刀等词语中，就可以了解到，别人明明是一脸微笑，但是如果你注意观察的话，会发现里面另有乾坤。那么，如何才能读懂虚伪表情下掩盖的真实情绪呢？

根据 FBI 探员以及心理学家对犯罪心理的总结得出一些结论：高明的说谎者虽然能通过控制表情来隐瞒秘密，但是他们的面部肌肉还是会泄漏出一些信息的。值得注意的是，这些肌肉的细微反应与人们的内心情绪是持同步节奏的。也就是说，无论人们运用怎样的方法和谎言来掩饰自己真实的情绪，他们的表情总会不可避免地泄漏出一丝信息。对此，行为心理学家也发现，当人们用虚假的表情掩饰内心真实的情绪时，面部表情中总会快速地闪现一点"破绽"，但是这个间隔时间是极为短暂的，通常真实表情会在闪现一下之后便被虚假的表情掩盖。

此外，心理学家还指出，真实表情最短的持续时间只有 1/25 秒，虽然这个时间维持的极为短暂，但是仍然不能逃过 FBI 的法眼。而在 FBI 认识到表情的重要性之后便开始着手对其展开研究，以便利用它破解更多的案件。

从心理学的角度来讲，表情的变化也是人们心理的本能反应，所以也被简称为"心理应急反应"。也就是说，当人们的心理受到外界的某种刺激时，脸上就会产生出表情，即使是细微的表情反应也是人们内心最真实

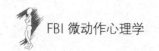

情绪的外漏。只要 FBI 探员抓住了这一线索，就能看到真相的曙光。

FBI 认为，人们通过使用表情来传递心理情绪已然变成一种习惯，当人们受到外界刺激的时候，就会做出本能的自然反应，即使人们想停止这种自然流露的脸色变化，但脸部肌肉还是无法做到自然舒展。这也就是 FBI 探员经常能从嫌疑人脸色上找到"线索"，即所谓的"破绽"的原因。可以说，这些细微的"破绽"就是嫌疑人心理的"晴雨表"。只要足够细心，FBI 探员就能迅速从这些"破绽"中找到揭穿对方谎言，以及破案的关键。

通常人们在清醒时所做出的表情都是有意识的，也就是跟随大脑指示所做出的表情，这主要是因为在清醒时思维逻辑比较理智，所以表情上也就不会有太大的"失误"。但当人们在一定紧张的环境中，或面对一些不愿意面对的事情时，心理情绪起伏就会加大，而在这样一种心理状态下，人们就很难保持应有的理智，往往无法保持"完美的表情"。FBI 探员在进行审讯时经常会遇到一些顽固的罪犯，他们在接受审讯时显得异常平静，而每当这个时候 FBI 探员就明白，自己遇到了老奸巨猾的人。由于这样的嫌疑人不好对付，所以探员的审讯工作会进行得十分困难，FBI 探员明白，是对方的心理防御和意志比较顽强才让他们的审讯工作进行得艰难的。

针对这种情况，FBI 探员总是会运用强大的气场让嫌疑人心理上产生压力，让其降低抵御力；或是不露声色地引导嫌疑人说谎，再观察他们说话时的表情变化，通常这些方法都是很有成效的。因为，FBI 探员相信，比起被调查者有意识地做出的表情，那些无意识下做出的细微的表情往往更加真实，也更加令人相信。而当一名普通人突然接受 FBI 探员的调查时，他的言行举止、表情动作都会表现得不如往日自然，在这种情况下，他的脸色变化，不可作为说谎的证据。也就是说，人们的表情变化虽然是心理的"晴雨表"，但也不能草率对待，应从实际情况、具体事情出发，不能因为表情的变化就盲目地给他人下定义。

一名 FBI 探员正在与女友散步，对面走过来一名女孩。女孩来到 FBI 的女朋友安娜跟前，说："哦，安娜，真的是你！我还以为自己认错人了呢，走近了才发现真的是你。"

安娜也微笑着向对方打了一个招呼，但在她微笑的同时，FBI 探员注意到女友的嘴角是往下的，并且她的眼睛是微微眯起的。于是，在女孩离开之后，这名 FBI 探员问女友："亲爱的，你和她是老同学？"安娜点了点头。FBI 探员在得到回答之后，继续问："那么，你们之间发生过不快吗？看起来，你见到她并不高兴。"

安娜惊讶地说："噢，天呢！你怎么知道这些的？是谁告诉你的？还是我刚刚和她打招呼的语气太不礼貌、太冷淡了？"

FBI 探员笑着说："不，你刚刚的语气很好，打招呼的方式也没有什么不妥。但是，你脸上的一些细微的表情泄漏了这些信息。虽然刚刚你也热情地和对方握手、问好，但是当对方走到你面前时，你的笑并未到达眼底，而且你的嘴角并不自然。我们在面对一些嫌疑人时，通常他们对我们做出这些表情时，代表的是他们内心的不满、拒绝和厌恶。"

安娜点了点头，坦言道："原来如此。事实上，我和她之前确实发生过不快，在读高中二年级的时候，我们因为一些事情吵过架。后来我们读了不同的大学，就没有再联系了。"

在整个过程中，FBI 探员根据女友安娜的表情变化，再结合事情的实际情况进行分析判断，猜中了女友的真实心理。像眯起眼睛以及嘴角向下的表情反应，在现实生活中或商务谈判中经常遇到，但是它所表达的意思

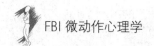

却与前者不尽相同。如果在谈判桌上，你在讲解的时候对手不时眯起眼睛，这说明他可能对你的解释并不满意，或在某些方面存有疑虑，正在思考着如何向你提问。由此可见，在不同的场合，以及面对不同事情的时候，人们所做出的表情也是有不同的含义的。总之，根据实际情况出发进行分析，做出的判断才会更加贴近对方的心理状态，而这样它才能更准确地揭露对方想要隐藏的秘密。

2

嘴唇动作的丰富含义

嘴是人传递语言的部位，也是人体最忙碌的器官之一。语言表达，情感交流，吃饭喝水等很多任务都需要嘴巴来完成。从人们刚刚出生起，就要用嘴巴来吮吸乳汁，随着不断地成长，嘴和人们的心理情绪也紧紧地联系在一起。人们会经常呈现不同的嘴形和动作，嘴部的表情密码也蕴藏着丰富的含义。FBI 表示，在侦破案件的过程中，嘴部的无声语言会更胜过言语的作用，它会悄无声息地告诉你所有的秘密。

FBI 指出，当一个人说话时常常将嘴抿成"一"字形，这说明他意志比较坚强，很难因他人的威逼而做出改变。在审讯的过程中，如果犯人将嘴抿成了"一"字形，则意味着将很难从对方口中获得想要的信息。所以说，看一个人是否坚定，从其说话的口型就可以略知一二。

很多人都会不自觉地舔嘴唇，这种行为背后也有许多原因。其可能说明对方在说谎，或者是他感到非常紧张。人在紧张的情况下，嘴唇就会干燥，会不由自主地舔嘴唇。另外，酗酒抽烟的人也经常嘴唇干燥，所以他们也往往爱舔嘴唇。在特定的情况下，舔嘴唇也是一种调情的行为，做出这个动作的人可能想用一种性感的姿态来吸引他人的目光。

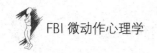

下嘴唇向前嘟起，是一种心烦、苦恼的表现。如果下嘴唇明显突出，那么这个人可能快要哭了或者是受到很大刺激的表情。FBI 称，一个人悲伤或者是向人示弱、寻求帮助时，一般都会呈现这样的表情。

FBI 在破案的过程中，常常会碰到对方出现咬嘴唇的情况，他们表示这是一种隐蔽性的抵抗方式。其实，咬嘴唇是一种抑制内心的愤怒和怨恨的表情动作。有些人摇着头还咬着下嘴唇，说明这个人极有可能处于极其愤怒的状态。戴安娜王妃在面对狗仔队的镜头时，常常出现这样的表情，她可能是想用这种方式来表达心中的不满情绪。另外，当人们遭遇失败时，也会做出咬嘴唇的动作，这可能是对自己的一种惩罚。

FBI 称，挤压嘴唇是压力过大、忧心忡忡的表现。当人们将自己的嘴唇隐藏起来，嘴角就会下拉，情绪也会随之跌入低谷，忧虑和担心就会增加。在侦破案件的过程中，FBI 发现一些证人总是将自己的嘴唇隐藏起来，这表明他们的内心十分紧张。当人们处于紧张的情绪中，经常会藏起嘴唇。FBI 表示，挤压嘴唇是一种消极的情绪表达，它表示一个人可能遇到了困扰，或者是碰到了无法解决的事情。这种动作几乎没有积极的含义，这并不表示做出这个动作的人正在说谎，只能表明他当时情绪异常紧张。

如果有人努起嘴唇或者将其缩拢起来，往往表明他对某事有不同意见。有时，当人决定改变想法时也会这样做。当我们在与人交谈时，不妨注意一下对方有没有缩拢嘴唇的动作。如果有的话，则表明他不是很支持你正在说的内容，或者是他正想转换话题。这样在获悉对方的内心活动后，接下来就可以针对实际状况主导交谈内容了。

FBI 指出，嘴唇缩拢这种动作在破案过程中也经常看到。当法官不同意律师的叙述时，就会做出这样的动作。此外在 FBI 审讯嫌犯的过程中，如果掌握的信息与嫌犯所知道的不一致时，嫌犯就会缩拢起嘴唇表示意见不一，所以这个动作可以作为 FBI 探员判断的一个重要根据。在商业场合中，嘴唇缩拢的动作也较为常见。比如，有人在看到一些合同时马上缩拢起嘴唇，这表示他们不同意合同上的某些条款。另外，当有人听到自己不太喜欢的人或事时，就会缩拢嘴唇以示不满。

人们最习惯控制自己的眼神，而且两人在交谈时一般都会望着对方的眼睛，嘴唇则是比较隐蔽的表达方式，不容易让对方意识到它所表达的内容。正是因为如此，很多人都不会下意识地控制自己的嘴唇动作。比如开会时，你想通过观察领导的面部表情来获悉老板的态度，这时最有力的依据就是他的嘴唇。你可以通过领导嘴唇的变化来推测他对自己的工作报告是怎么看的。当他开始缩拢嘴唇时，这极有可能说明他不同意你的方案。了解到这点时，你就可以尝试改变另一种表达方式，当他的嘴唇不再拢起时，就可以按照现有的方式讲下去了。

嘴唇是大量信息的阀门，通常在严肃的场合，参会人员的嘴唇一般都是紧绷绷的。如果不控制好这个阀门，将会带来很多麻烦事，所有的利益可能会因此消失殆尽。所以，人们不仅要学会从别人的嘴唇语言获得有助于自己的信息内容，更要学会把握自己的嘴唇，不让其"肆意妄为"，只图一时口快而做出令自己懊悔的事情。

3

从头部动作中窥探心理变化

社会心理学的先驱库尔特·勒温曾这样说过："头部动作是人类表达内心世界最直白的信号之一，通过头部动作可以很清楚地辨别出他人的内心变化。"同样，FBI 凭借多年的工作经验也得出一个结论：疑犯的头部动作能够反馈出一些对破案有价值的信息，并对迅速侦破案件起到推动性的作用。不仅如此，FBI 还对头部动作作出了分类，而以下每一种分类的背后都蕴涵了人们难以察觉的心理变化：

（一）把头歪在一边

在 FBI 眼里，把头歪在一边表明了一个人默认、服从的心理状态。虽然一个人把头歪在一边表示他不会给人带来威胁和攻击，而这很容易让人对其放松警惕，但 FBI 却能从中获得一些有价值的信息。

1980 年的一天，FBI 探员布朗·蒙特拉和一名同事正在对一名德国女间谍进行审讯。蒙特拉早就得知这名女间谍不是一个等闲之辈，于是做好了与她进行周旋的心理准备。据 FBI 总部传来的可靠消息，这名女间谍通过微型摄像机偷拍到了美国一个军事基地的图片，而蒙特拉和同事的任务便是从这名女间谍口中挖出她拍摄美国军事基地的阴谋和计划。但是，这个任务似乎相当艰难，因为女间谍表现得相当冷静和狡猾，她声称微型摄像机不是她的，而她对拍摄美国军事基地一事更是矢口否认。

蒙特拉感觉再这样问下去也不会有什么结果，于是他决定停止对女间谍的审讯，转而对那台微型摄像机和那些被拍摄到的照片上残留下来的指纹信息进行比对。比对的结果令蒙特拉及其他侦破此案的 FBI 非常兴奋，因为结果证明那台微型摄像机和照片上的指文都是那名女间谍的。在掌握了这一证据的情况下，蒙特拉再次对女间谍进行了问讯，并指出了那些指纹信息，但女间谍仍继续狡辩，不过，她却不再像此前那样仰着头和 FBI 对视了，而是把头歪到了一边。蒙特拉凭着对身体语言的了解和分析，判断出这名女间谍内心有些心虚、害怕了，而且他断定其心理防线也不会那么坚硬了。这让蒙特拉等人觉得破获此案的机会来了，因此，他们紧追不放，加强了审问力度。果不其然，德国女间谍的态度逐渐软了下来，没有再狡辩下去，而是把窃取美国军事基地的阴谋和计划和盘托出了。

（二）把头低下

FBI 的探员们发现，当疑犯把头低下时，代表着他（她）正缺少自信，缺乏为自己辩解的理由，或者说他（她）正到了无路可走、山穷水尽的地步，在考虑着是否要向办案人员坦承相告争取从轻处理的心理状态。FBI 联邦探员约翰·托马斯说："在疑犯低头的瞬间，他的心理防线就在慢慢削弱，而这个时候就是对办案人员最有利的时机。"

当人们对某件事情表示反对意见或不满的态度时，通常也会把头低下。在与人交谈的过程中，你如果发现对方不注视你，这说明你表述的某些观点没有被对方认可。通常，人们在感觉到这一点时也都会把头低下来，以转移注意力和逃避尴尬。美国社会心理学家马斯洛认为，这个时候应该及

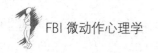

时调整自己与对方的谈话内容，而不是将头低下，因为这是一种不自信和失败的表现。

（三）摇头

美国人本主义心理学代表人物之一的戈登·威拉德·奥尔波特曾说："摇头是人们表达否定信号最直观的头部动作。"人们在面对自己不喜欢的人或事的时候会把头从一侧转到另一侧，而这个动作就是人们内心不满情绪的外在表现。因此，摇头的人通常会说："我不赞成这个决定"或"你不能那样做"等否定的话语。

在大多数时候，摇头这个动作主要是表示拒绝和反对心理，即否定态度。从世界范围来看，这基本具有通用性。不过，仍然有一些国家和地区会用仰头这样的头部动作来表达对人或事的否定态度。比如在希腊和土耳其等国家，当那里的人们听到和自己相背离的想法和决定时，他们便会习惯性地用仰头来表达拒绝和反对。尽管在审讯的过程中，犯罪分子的摇头动作也是表示否定，但办案人员却可以从中摸索出一些有价值的破案信息。

在美国加州发生的一起军火走私案中，FBI 就通过疑犯摇头的动作找出了有价值的线索。一位军火走私商人被 FBI 捕获，从掌握的资料来看，他与一个国际性特大走私团伙有着非常密切的关系，于是 FBI 想通过他挖出这个走私团伙。但是，该军火走私商人却矢口否认自己走私军火。在这种情况下，FBI 突然想到一个巧妙的方法，他们故意把事先已经确定的走私分子的照片拿到这名走私商人眼前，并让他指认照片中的人是否正是走私团伙中的人。这名走私商人在看了照片后，连忙摇头。FBI 高级探员马文·卡林斯认为走私商人的摇头动作表明了他是在撒谎，因为从他前面的强硬态度来讲，只有当照片中的人是真正的走私分子时他才会摇头，而摇头当然是为了隐瞒和包庇走私分子。

　　然而，在对身体语言颇有研究和把握的 FBI 面前，疑犯任何一个身体动作都有可能成为出卖他们自己的语言信息。FBI 始终认为，不管外在的环境变化多么复杂，但人的身体语言总是有一定规律的，尤其是作为人体"指挥官"的头部，因此即便再狡猾的犯罪分子，FBI 也能从他的头部动作中发现一些有价值的信息。当然，头部动作不能作为侦破案件的唯一标准，不过，它却可以为 FBI 破案带来意想不到的帮助。

4

由表情动作透析情绪变化

有人说，脸是思维的画板。人们的情绪都会被面部表情显现出来。毋庸置疑，人类是这个世界上最具有表达力的动物。人的面部表情是一种没有任何国界、种族之分的语言，从古至今，这种身体语言成为了全世界最有效的沟通方式，而且也为人们洞察他人内心提供了最真实可靠的信息。

人类虽然有种族之别、语言不通的特点，但是总有一点是相同的，那就是喜怒哀乐等丰富复杂的表情。在现实生活中，人们正是通过这些表情来了解一个人的精神面貌，也正是通过这些丰富的表达使人类的沟通变得更为方便。可以说，面部表情是人们心灵的一面镜子，FBI 就是通过这些丰富的表情更清晰地看透他人的内心世界。

一个人的七情六欲都可以通过表情清楚地表达出来，有时，一点细微的差别所表达的意思却大相径庭。比如哭的表情，就因为其行为的程度不同而有很多说法。在古代，悄无声息的哭被称为泣；那些边流泪边发出哀声的被称为哭；一边痛哭一边叫出心中委屈的被称为号。一般情况下，人们开始哭之前都会显出悲哀之情，而男人常常会尽力抑制自己哭的行为，只是做出皱眉的痛苦表情，接下来可能会闭上眼睛。很多人在悲伤、恐惧时，都会有闭眼的动作，这是一种典型的掩饰行为，不过，往往会被人识破。有些人在快要哭出来时会忍着不使自己的眼睛闭上，甚至将眼睛睁得更大，以避免自己眼泪流下来的行为。眼泪是由于眼部肌肉紧缩压迫到泪腺而流出来的，通常流泪是不受意志所控制的。如果人们能够控制自己的眼泪，说明他的情绪还不够激烈。当情绪过于激动时，嘴部就会开始抽搐，甚至整个面部都会被牵扯抽动。当人们大哭的时候，嘴巴不一定会张得很大，只是哀叫时才会张大嘴巴。伴随着哭的动作还可能会有出汗、面色惨白、全身抖动等动作。在激烈的哀叫之后，人的面部、眼睛都会变红。

　　痛苦、悲伤的表情的主要特点是脸部肌肉松弛，最显著的是脸的两侧下垂，眼皮和嘴部也毫无生机，整个面部看起来十分憔悴。悲伤的表情看起来很丑，而且持续的时间也比较长。而当一个人的情绪达到极点时，就会哭泣。

　　当人们内心感到烦恼、忧郁、绝望时，嘴角就会下垂，这就是忧郁的表情。FBI 在审讯犯人的过程中，往往当证据摆在对方面前时，通常就会看到犯人这样的表情。忧郁会使人的身体新陈代谢减慢，如果一个人长时间地陷入忧愁，不仅会消耗体力，而且人的整个精神面貌都会发生巨大变化，先是眼圈发黑，其次脸色黯淡，最后形成一副无精打采的模样。

　　当人们快乐时，会用笑容来表达自己的感情。通常，人在没有烦恼的情况下，即便不微笑也会两眉舒展，眼睛、嘴巴都是上扬的，尤其是两眼炯炯有神，面部也非常光亮。因快乐而发出的微笑比社交性的微笑看起来更有魅力。在人们看到它的那一瞬间，也会不由得发自内心地跟着笑起来。不同的笑表达了快乐的不同程度，大笑时是最兴奋的。FBI 认为，喜欢发出爽朗笑声的人大多性格外向，而内向的人一般都是微笑或者不苟言笑。

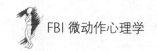

当人们的不满达到一定程度时，就会表现出愤怒的表情。愤怒时，人的眉毛低垂向中央靠拢，两眼圆睁，看起来令人心寒胆颤。当人被激怒时，心脏血液会加速流动，致使脸色发红发紫，血管膨胀，额头上爆出青筋，并伴有呼吸急促、鼻孔变大而发颤、嘴唇紧闭、咬牙切齿等情形。如果一旦碰到这样的人，最好避免与之交涉，否则可能会被对方所伤。另外，有的人在愤怒时会撅起嘴巴或者露出牙齿，表现出要吃掉对方的样子。

当人们遇到不可预料的事情时，往往会露出惊异的神色。惊奇的表情动作就像火花一样，稍纵即逝。比如，你到了一个陌生城市，突然遇到了久违的朋友，在看到他的那一瞬间你可能会惊喜万分，顿然失语，不过很快就会恢复平静。假如将你那一瞬间的表情定格下来，肯定会有这几种情景：眉毛上扬，眼睛圆睁，嘴巴张开，下巴拉长。如果惊奇的程度加深，就会变成惊愕，这种表情与恐惧十分相像，眼睛与嘴巴都会大大地张开，额头上还显现出皱纹。一般情况下，人们可以从皱纹的多少来判断一个人惊异的程度，当然皱纹多少也会因年龄等因素而有所不同。

FBI 表示，恐惧的表情与惊愕类似，但是一个人恐惧的表情起初是发呆，浑身僵硬，心跳加速而呼吸减慢，然后才出现眉毛上扬、眼嘴张开的表情，这时候很可能还会出冷汗，全身颤抖。如果恐惧感加深，可能还会出现短暂的呆滞，面色苍白，瞳孔放大，眼球突出。极度恐惧时，人们往往还会发出可怕的叫声。有时候，人们在面对恐惧时会不由得闭上眼睛，或者用手臂遮住眼睛，这些都是消极的逃避行为。当人们看到讨厌的人或物时，脸上就会不由自主地出现这种表情：眼睛收缩，皱起鼻子，上嘴唇向上牵引。

最能引起人们厌恶的是味觉，所以表现为鼻口周围的运动。FBI 表示，厌恶的表情主要是撇嘴，不停地吐唾沫，或者是不停地吐气，严重时还伴有呕吐的动作。FBI 在调查案件时，为了找到真相，需要不厌其烦地审讯嫌疑人或者与案件相关的人物。其中，当然不是所有人会配合他们的工作，所以 FBI 对他人流露出的这种表情不足为怪。

当人们对别人的观点不认同时，往往就会表现出轻蔑的表情。轻蔑最重要的特点是：鼻子上扬，上嘴唇向上翻，有时人们还会故意用鼻子发出点声音。如果人们用眼神表达轻蔑的态度，那就是蔑视。蔑视的眼神，是脸部微微抬起，然后用俯视的姿态将眼光从一侧缓慢移向另一侧，或者是固定地投向一侧。

面部表情虽然千变万化地传达着人们的情绪，但也是最易撒谎的部位。FBI 表示，虽然人们善于伪装自己的表情，但还是无法掩饰面部的瞬间表情。心理学家斯蒂芬·波特曾经参与了一桩谋杀案的调查，最后从嫌犯的瞬间变化的异常表情中揭开了他伪装的面具。案件大致情况是这样的：有一名男子向民众呼吁，请求大家帮助他找到失踪的妻子。几天后，他再次出面表示对警方感到失望，自己将自行去寻找妻子，后来他带着志愿者找到了妻子的尸体。其实，他是谋杀妻子的真凶。研究者发现，在这名男子向民众求助的录像中，其悲伤的脸上闪现出愤怒与厌恶的表情，而这成为侦破此案的重要依据。斯蒂芬表示："人面部的瞬间表情是很难进行人为控制的。"所以，几乎没有一个人可以完全地伪装自己的真实情感，这也是为什么 FBI 探员常常从审讯的录像带中搜寻信息的原因了。

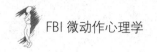

5

透过面部表情看透内心的活动

　　人的面部可以表现出成千上万种维妙维肖的表情，而且其变化相当快速而又细致。很多时候，面部表情能够真实、准确地反映出一个人的内心世界和情感，还可以传递出其很多不为他人所知的信息。也就是说，在与人接触、交谈的过程中，我们只要仔细观察对方面部表情的细微变化就能准确地洞察出对方的内心活动。

　　在 FBI 办案的过程中，他们都很善于观察疑犯的面部表情，这也是他们侦破案件的不二法门。有句话说得好，看人先看脸，脸是一个人外在气质与内心活动的最直接也是最佳的体现。德国心理学家格奥尔格·埃利亚斯·缪勒曾说："在与对方交谈的过程中，我们应该在他未开口之前，先从对方的面部表情上得到一定的信息，这样做有利于快速、准确地达到我们的目的。"FBI 在审讯犯罪嫌疑人时就是这样做的，一位资深 FBI 就曾有过这样的感慨：看透疑犯的方法很多，而懂得察言观色的警察必定能够迅速、准确地掌握疑犯的心理，从而快速地侦破整个案件。

　　1978 年 12 月 11 日，住在芝加哥的比斯特太太正在等她的儿子罗伯特下班，准备和他一起去参加家庭派对。罗伯特当时还是一名高中生，只是暂时在一个药店做暑期工。但 15 岁的罗伯特却让比斯特太太等一等，因为他下班后必须要去停车场见一个承包商，与其谈谈工作的事情，而且他听说那里的收入比在药房的更可观。

然而，二十多分钟过去了，罗伯特没有回来。比斯特太太有些担心起来，因为罗伯特不是一个言而无信的人，这从他下班后立即赶去见承包商就可以看得出来。半个小时后，比斯特太太因还未等到儿子回来，便立即打电话报了警。由于比斯特太太当时报案的情绪特别激动，警方虽然出于对她的安慰称青春期的孩子不告而别是常有的事，但还是立即对此事进行了调查。到晚上八点半时，比斯特太太再也等不下去了，她要求警方尽快搜寻到罗伯特的下落。

负责此案的芝加哥警局的葛仁查克警官随即与当时罗伯特临时供职的药房的工作人员取得了联系，并得知那名承包商名叫约翰·加西。而出事那天，约翰一整天都在替药房做重新装潢的预算和设计工作，当时他还一边做记录，一边拍下了不少药房内的照片。

针对这一线索，葛仁查克警官连夜调查了加西过去的人生记录，并通知他前来警局谈话，可直到 13 日上午加西才极不情愿地来到警局，但直到加西来到警局之时，葛仁查克警官也没有摸清加西的底。当时，加西似乎对警局的传讯感到相当恼火。36 岁的加西是一个身材矮胖的男人，双下巴，留有黑色浓密的胡子，从外表上看去不是很招人喜欢，却很引人注目。加西说自己一直从事室内装潢设计和维修的工作，过去还曾极力介入过地方政治活动，甚至还说服过当时的总统夫人与他一起参加某游行活动。除此之外，加西还说他喜欢在一些欢庆场合中扮演供小朋友们娱乐的小丑。由于他在该地区已经住了十多年了，所以该地区的很多人都认识他。

　　当葛仁查克警官问加西是否和罗伯特有过接触时，加西坚决否认，甚至连同认识罗伯特也一起否认了。但当有人出来指证目睹他和一名十五六岁的男孩在停车场谈话时，他又立即放弃了先前的说辞，辩称他当时只是在和那名男孩礼貌性地打招呼，但之后就各奔东西了。不过，在加西走出警局后，直觉告诉葛仁查克，加西在说谎。除了他在供词中有意撒谎外，其面部表情也出卖了他。

　　事实上，从加西一走进警局开始，他的面部就已出卖了他的心虚，尽管他极力掩饰，但就像德国心理学家赫尔曼·陆宰曾经所指出的那样："越是极力掩饰的人就越心虚，越心虚就越掩饰不住，而面部表情动作是每个人内心世界的显示器。"同样，德裔美国心理学家沃尔夫冈·柯勒也曾指出："在人类的心理活动中，表情是最能反映情绪变化的，也是透视人们内心世界的渠道。"的确，无论一个人如何掩饰自己的内心世界，始终都会在面部表情动作中流露出其真实的内心情况。

　　通常情况下，如果对一个人的内心世界的分析和研究不够深刻，是不太容易从这个人的面部表情上探视出其真实的内心世界的。但葛仁查克警官不同，他曾经有过肖像学的教育背景，更重要的是他办案多年，能够从疑犯的面部表情洞察出疑犯真实的内心世界，从而结合有效的证据以及推理将真正的罪犯绳之以法。

　　葛仁查克警官指出，加西走进警局时，虽然表面上做出一副"满不在乎"的表情，想要给警方传递出一种"我不是罪犯"的信息，但他"闪烁不定的眼神，以及眼睛不停地朝地下看"的神情却瞒不过老练的葛仁查克警官。葛仁查克警官解释说，一个人的视线闪烁不定或者左顾右盼，这种情况往往产生于这个人的内心不稳定或者不诚实之时。眼睛不住地朝地下看，则时常产生于这个人的内心世界沮丧或悲伤之时。

与此同时，葛仁查克警官还指出，加西在面对警方的问讯时，还会不时地做出歪仰着头、斜着眼睛看人的动作，这虽然是一种盛气凌人或者满不在乎的表现，但这也表示出加西是在寻求自我安慰，而这种情况通常产生于极端害怕和恐惧之时。

说到底，加西就是不敢正视警方的问讯，而人们通常总是怀疑那些不敢正视自己的人。另外，加西眨眼的频率也很高，而且是连续性的。葛仁查克警官指出，一般而言，正常人每分钟眨眼 5 ～ 8 次。虽然眨眼是一种身不由己的面部动作，但是当人的情绪因为某种原因，比如说因撒谎而产生恐慌情绪时，眨眼的频率就会很明显地增加。连续性眨眼通常产生于一个人内心犹豫不决或对某件事考虑不成熟之时，有时也是人们竭力抑制内心恐慌情绪的表现。

比如，当警方问加西是否在停车场和一名年轻男孩有过接触时，加西连连眨眼，这时他正在犹豫不决，考虑应该怎么向警方解释此事，或者说正在考虑怎样搪塞警方。其实，正是由于他连连眨眼这个面部动作，才引起了葛仁查克警官的怀疑，因而葛仁查克警官也用"超眨"回应了加西的这个动作。

超眨是指那种眼神幅度夸张但速度较慢的眨眼动作，它一般运用于假装惊讶的戏剧性表情中，仿佛是在说："我不相信我所看到或听到的，所以我需要大大地眨一下眼睛，以便擦亮它们，来确定我眼前的听闻是否属实。"很明显，葛仁查克警官在这个时候就已经对加西起了很大的疑心。

还有，加西苍白的面部肤色也出卖了他。古希腊时期的思想家、科学家泰勒斯曾说："面部的颜色会随着人的情绪波动产生相应的波动，其中

最明显的就是变红和变白。"

人们最常见的面颊变红源于内心害羞、尴尬、惭愧、恐惧或者愤怒等心理情绪，在这些情绪的推动下，人的面颊瞬间就会转为通红。当愤怒、羞愧或恐惧中的人们想极力抑制自己的怒火、恐惧感的攻击性冲动时，其面颊就会慢慢变得苍白。当人们处于惊骇的情绪状态下时，肤色也会立即变得苍白。值得一提的是，人的面部肤色的变化是由自主神经系统造成的，是难以人为掩饰和控制的。因此，葛仁查克警官从加西的肤色中也看出了端倪。

德国心理学家奥斯瓦尔德·屈尔佩曾这样说过："每个人都有一副属于自己独特而又不易混淆的面相，即便是双胞胎也不例外。因而人们相见时，给人印象最深的就是脸。从这张脸上，不仅能够反应出人的年龄、性情等，还能够反映出一个人的内心世界。"

事实上，在葛仁查克警官看来，每个人的脸上都挂着一张足以反映自己内心世界和精神状况的"海报"。因此，他主张在办案的过程中一定要仔细观察疑犯的面相，透过疑犯的面部表象洞悉其内心世界，把握疑犯的面相变化尺度，从而结合有效的证据和推理找出幕后真凶。

后来，葛仁查克警官和同事们在加西住房的地下车库里找到了罗伯特的尸体，而且尸体上还覆盖着水泥。由于证据确凿，加西最终承认了杀害罗伯特的罪行。

原来，加西借着"承包商"之名将罗伯特诱骗到一些隐蔽的地方，然后再用"表演魔术"之名将其载到家中。到家里后，加西真的会表演他的魔术"手铐魔术"，魔术的结果就是将受害者的双手铐住。接下来，加西表演他的第二种魔术——"强暴魔术"，紧接着就是第三种魔术——"死亡魔术"。

　　葛仁查克警官最后这样谈道："加西是一个十分聪明的人，他的犯罪智商也相当高。更重要的是，他能言善道，并懂得如何轻易地操纵被害人，也知道如何俘虏被害人的好奇心以及瓦解对方的戒心。但无论如何，我们最终还是将其揪了出来，而这仅仅是透过他的面部表情看出了端倪，从而将其绳之于法。"